KLASSENARBEITEN

Mathematik 8. Klasse

Alfred Müller

STARK

Bildnachweis
Umschlagbild: © Konstantin Sutyagin/Dreamstime.com
Seite 1: © mankale/Fotolia.com
Seite 25: © TekinT/Fotolia.com
Seite 67: © Twilight_Art_Pictures/Fotolia.com
Seite 89: © Dmitry Ersler/Fotolia.com, © Marko Cerovac/Fotolia.com
Seite 119: © Robin Mackenzie/Dreamstime.com

ISBN 978-3-86668-175-0

www.stark-verlag.de
1. Auflage 2009

Inhalt

Klassenarbeiten zum Themenbereich 4: Elementare gebrochen-rationale Funktionen, Bruchterme und Bruchgleichungen 89

Klassenarbeiten zum Themenbereich 5: Strahlensatz, Ähnlichkeit 119

Autor: Alfred Müller

Vorwort

Liebe Schülerin, lieber Schüler,

die siebte Klasse am Gymnasium liegt bereits erfolgreich hinter dir und du befindest dich nun in der 8. Klasse. Wie du aus der folgenden Aufstellung der zentralen Themenbereiche im Mathematikunterricht der 8. Klasse siehst, werden Themen aus den Vorjahren wieder aufgegriffen und wesentlich ergänzt. Aus funktionalen Zusammenhängen entstehen die linearen Funktionen, die auch die Grundlage linearer Gleichungssysteme verkörpern. Im Bereich der Stochastik wird aus der relativen Häufigkeit der Begriff der Wahrscheinlichkeit gewonnen. Zudem werden spezielle Wahrscheinlichkeiten mithilfe des Zählprinzips bestimmt. Die Bruchrechnung wird nun auch auf Terme, Gleichungen und Funktionen übertragen. Die Strahlensätze und die Betrachtung ähnlicher Dreiecke schließen den Stoff ab.

Themenbereich 1	Proportionalität, Funktionale Zusammenhänge
Themenbereich 2	Lineare Funktionen, Lineare Gleichungssysteme
Themenbereich 3	Laplace-Experimente, Laplace-Wahrscheinlichkeiten
Themenbereich 4	Elementare gebrochen-rationale Funktionen, Bruchterme und Bruchgleichungen
Themenbereich 5	Strahlensatz, Ähnlichkeit

Gleichmäßig über das Schuljahr verteilt werden aus diesen Stoffgebieten mehrere Klassenarbeiten geschrieben. Dieses Buch unterstützt dich bei der Vorbereitung auf diese Prüfungen. Durch das Beschäftigen mit den Aufgaben werden deine individuellen Schwachstellen und Kenntnislücken deutlich, die du durch gezieltes Arbeiten effektiv beseitigen kannst.

- Das Buch bietet für jeden der fünf Themenbereiche sorgfältig ausgewählte und erprobte **Klassenarbeiten** mit **ausführlichen Lösungen**.
- Falls du bei einer Aufgabe auf keinen Lösungsweg kommst, helfen dir **Hinweise und Tipps,** einen zu finden. Erst wenn diese Hilfe versagt, solltest du dich mit der ausführlichen Lösung beschäftigen. Beachte, ob der Stoff bereits im Unterricht besprochen wurde.

- Die **Gesamtbearbeitungszeit** beträgt für jede Klassenarbeit **45 Minuten**. Anhand der in der Lösung abgedruckten Zeitangaben kannst du bei jeder Teilaufgabe überprüfen, ob dein Arbeitstempo mit dem erwarteten übereinstimmt. Bedenke aber, dass die Zeiten für einen gut geübten Schüler gelten. Selbstverständliche Nebenrechnungen (reine Multiplikationen bzw. Divisionen) sind nicht immer extra aufgeführt.

- Bei jeder Klassenarbeit wird zu jeder Aufgabe die Anzahl der **Bewertungseinheiten** (BE) angegeben, die in der Lösung nochmals einzeln aufgeschlüsselt sind. Insgesamt werden stets **40 BE** vergeben, sodass man dem folgenden Notenschlüssel entsprechend seine eigene Leistung bewerten kann:

Notenschlüssel					
Note 1	Note 2	Note 3	Note 4	Note 5	Note 6
40–35	34–29	28–23	22–17	16–9	8–0

- Die Zahl der „Nüsse“ im Lösungsteil informiert dich über den **Schwierigkeitsgrad** der Aufgaben:

 einfach

 mittel

 schwer

Wenn du mit diesem Buch gewissenhaft arbeitest, kannst du deinen aktuellen Leistungsstand realistisch einschätzen.

Ich wünsche dir viel Erfolg bei der Arbeit mit diesem Buch und bei deinen Klassenarbeiten!

Alfred Müller

Klassenarbeiten zum Themenbereich 1

- Proportionalität
- Funktionale Zusammenhänge

Klassenarbeit 1

BE

1. a) Die folgende Tabelle gehört zu einer direkten Proportionalität: 4

x	2	6	x_1	x_2	–1
y	y_1	9,6	17,6	–3,2	y_2

Bestimme die fehlenden Werte x_1, x_2, y_1, y_2 und gib die Zuordnung an.

b) Zeichne den Graphen der Zuordnung aus a. 3

2. a) Welche der folgenden Graphen sind keine Funktionsgraphen (Begründung)? 2

(1)

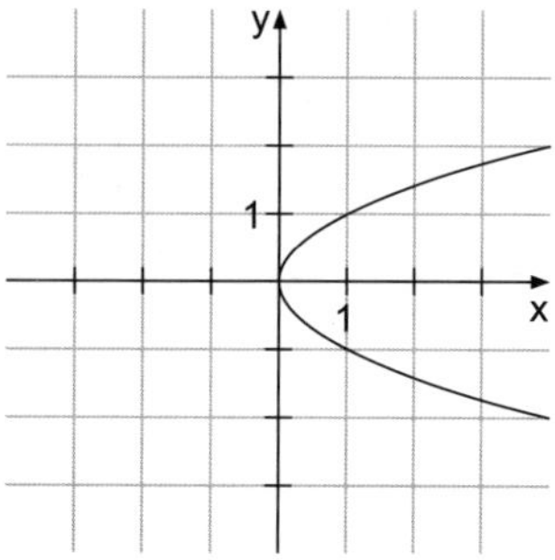

(2)

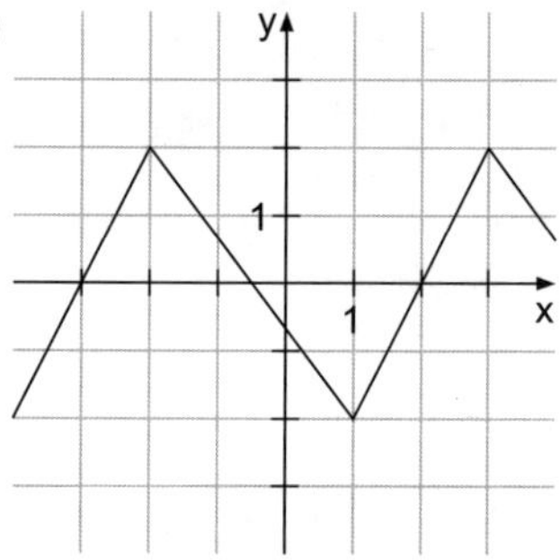

(3)

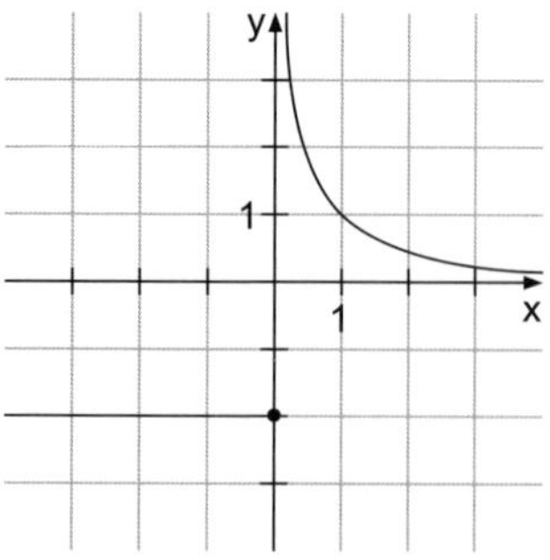

(4)

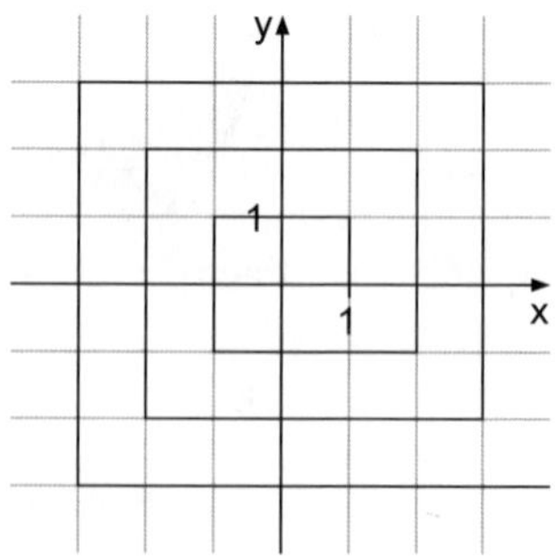

b) Gib die Funktionsgleichung sowie die Definitionsmenge $\mathbb{D}$ und die Wertemenge der Funktion „f: $x \mapsto y$ = um 1 vermindertes Quadrat der Zahl x" an. 3

3. a) Die Zahlenpaare (2 | 5) und (–8 | y) gehören zu einer indirekten Proportionalität. Bestimme y. 2

b) Ein Sägewerk soll einen Baumstamm in 18 Bretter von je 3 cm Dicke zersägen. Der Auftrag wird auf 24 Bretter geändert. Wie dick wird jetzt ein Brett? 4

4. a) Ein konzentrischer Kreisring (siehe Skizze) ist 3 cm breit und besitzt eine Fläche von 33π cm^2.

(1) Bestimme den inneren Radius r und den äußeren Radius R.

(2) Um wie viel Prozent ist der äußere Umfang größer als der innere?

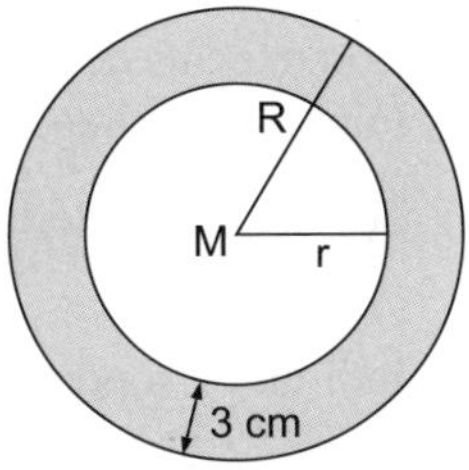

6

b) Bestimme Umfang und Flächeninhalt der nebenstehenden Figur (verwende $\pi = 3{,}14$).

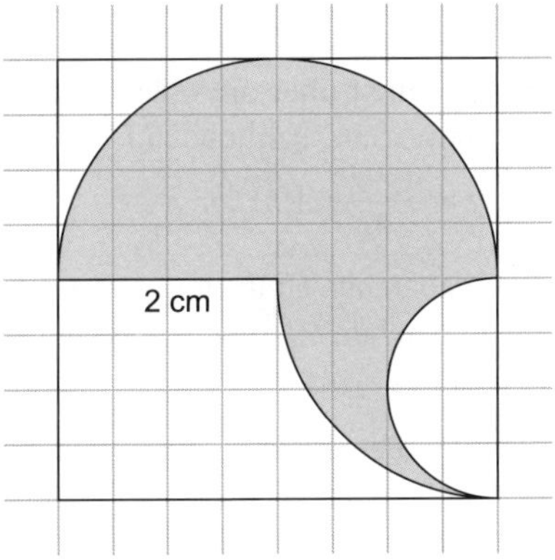

6

5. In einer Papierfabrik werden 8 850 kg Papier von 30 gleichartigen Maschinen in 7 Stunden hergestellt.
Wie lange benötigen 35 Maschinen des gleichen Typs für die doppelte Papiermenge? 5

6. Jonas sitzt in einem Zug, der mit 72 $\frac{\text{km}}{\text{h}}$ fährt, und sieht einen Gegenzug der Länge 120 m innerhalb von 4 s vorbeifahren.
Berechne die Geschwindigkeit des Gegenzugs in $\frac{\text{km}}{\text{h}}$. 5

Hinweise und Tipps

1. a) Bestimme aus $\frac{x}{y}$ bzw. $\frac{y}{x}$ die fehlenden Werte. Es gilt: $m = \frac{y}{x}$

b) Zeichne eine Ursprungsgerade z. B. durch den Punkt (2 | 3,2).

2. a) Erkenne aus der Definition einer Funktion, dass bei (1) und bei (4) keine Funktion vorliegt.

b) „Um 1 vermindertes Quadrat der Zahl x" bedeutet $x^2 - 1$.

3. a) Indirekte Proportionalität = Produktgleichheit

b) Erkenne, dass die Anzahl der Bretter und ihre Dicke produktgleich sind.

4. a) Rechne r über die Flächendifferenz der beiden Kreise mit R = r + 3 cm bzw. r aus, schließe auf R und berechne den Prozentsatz mit
$p = \frac{u_a - u_i}{u_i} \cdot 100\ \%$.

b) Fläche aus Halb- und Viertelkreisen bestimmen. Beim Umfang den zusätzlichen Radius berücksichtigen.

5. Rechne die geleistete Arbeit für die doppelte Menge aus. Schließe dann von 30 auf 35 Maschinen.

6. Wandle $72\ \frac{km}{h}$ in $20\ \frac{m}{s}$ um, berechne die Gesamtgeschwindigkeit der beiden Züge zusammen und schließe dann auf die Geschwindigkeit des Gegenzuges.

Vertiefende Hinweise zum Lösen der Aufgaben findest du in
Training Mathematik, 8. Klasse (Buch-Nr.: 900121)

- Kapitel „Funktionale Zusammenhänge"
  1 Der Kreis
  2 Funktionale Abhängigkeit
  3 Direkte Proportionalität
  4 Indirekte Proportionalität
- Kapitel „Funktionen"
  1 Was ist eine Funktion?
  2 Die Definitionsmenge
  3 Graphen, Zeichnen von Graphen

Lösung

BE

1. a) 4 Minuten,

Mit $\frac{x}{y} = \frac{6}{9{,}6} = 0{,}625$ und $\frac{y}{x} = \frac{9{,}6}{6} = 1{,}6$ folgt: 1

$\frac{y_1}{2} = 1{,}6 \quad \Rightarrow \quad y_1 = 3{,}2$ 0,5

$\frac{x_1}{17{,}6} = 0{,}625 \quad \Rightarrow \quad x_1 = 11$ 0,5

$\frac{x_2}{-3{,}2} = 0{,}625 \quad \Rightarrow \quad x_2 = -2$ 0,5

$\frac{y_2}{-1} = 1{,}6 \quad \Rightarrow \quad y_2 = -1{,}6$ 0,5

$m = \frac{y}{x} = 1{,}6 \quad \Rightarrow$ Zuordnung: $x \mapsto y = 1{,}6 \cdot x$ 1

b) 3 Minuten,

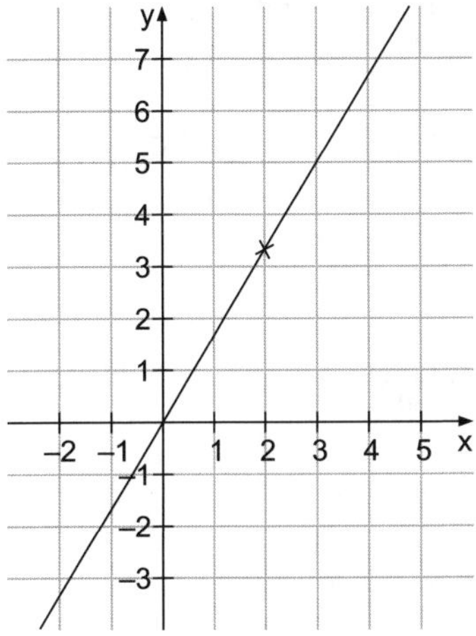

3

2. a) 2 Minuten,

(1) und (4) sind keine Funktionsgraphen, weil es x-Werte gibt, zu denen mehr als ein y-Wert gehört. 2

b) 4 Minuten,
$f\colon x \mapsto y = x^2 - 1$ 1
$\mathbb{D} = \mathbb{Q}$, weil alle x-Werte eingesetzt werden dürfen. 1
$\mathbb{W} = [-1; \infty[= \{y \mid -1 \leq y < \infty\}$, weil –1 der kleinste Wert ist. 1

3. a) 2 Minuten,
Indirekte Proportionalität = Produktgleichheit 1
$2 \cdot 5 = -8 \cdot y \;\Rightarrow\; y = -1{,}25$ 1

b) 4 Minuten,
Die Anzahl der Bretter und deren Dicke sind indirekt proportional,
d. h. produktgleich. 1
$18 \cdot 3 = 24 \cdot x \;\Rightarrow\; x = 2{,}25$
Ein Brett wird jetzt 2,25 cm dick. 3

4. a) 7 Minuten,
(1)

$$(r + 3\text{ cm})^2\pi - r^2\pi = 33\pi\text{ cm}^2 \quad |:\pi$$ 1

$$r^2 + 6r\text{ cm} + 9\text{ cm}^2 - r^2 = 33\text{ cm}^2 \quad |-9\text{ cm}^2$$ 1

$$6r\text{ cm} = 24\text{ cm}^2 \quad |:6\text{ cm}$$ 1

$$r = 4\text{ cm} \quad \Rightarrow \quad R = 7\text{ cm}$$ 1

(2)

$$p = \frac{u_a - u_i}{u_i} \cdot 100\,\% = \frac{2R\pi - 2r\pi}{2r\pi} \cdot 100\,\% = \frac{14\pi - 8\pi}{8\pi} \cdot 100\,\%$$

$$= 75\,\%$$ 2

b) 6 Minuten,

$$A_{ges} = \left(\frac{1}{2} \cdot 2^2\pi + \frac{1}{4} \cdot 2^2\pi - \frac{1}{2} \cdot 1^2\pi\right)\text{cm}^2$$

$$= 2{,}5\pi\text{ cm}^2 \approx 7{,}85\text{ cm}^2$$ 3

$$u_{ges} = \left(\frac{1}{2} \cdot 2 \cdot 2 \cdot \pi + 2 + \frac{1}{4} \cdot 2 \cdot 2 \cdot \pi + \frac{1}{2} \cdot 2 \cdot 1 \cdot \pi\right)\text{cm}$$

$$= (4\pi + 2)\text{ cm} \approx 14{,}56\text{ cm}$$ 3

5. 6 Minuten,
Für die doppelte Menge Papier benötigen 30 Maschinen 14 Stunden.
Die Anzahl der Maschinen und die zugehörige Zeit sind produktgleich,
d. h. es gilt: 2
$30 \cdot 14 = 35 \cdot x \quad \Rightarrow \quad x = 12$
35 Maschinen benötigen 12 Stunden. 3

6. 7 Minuten,

$72\,\frac{\text{km}}{\text{h}} = \frac{72\,000\ \text{m}}{3\,600\ \text{s}} = 20\,\frac{\text{m}}{\text{s}}$ 1

Der Gegenzug fährt mit einer Geschwindigkeit von $\frac{120\ \text{m}}{4\ \text{s}} = 30\,\frac{\text{m}}{\text{s}}$ vorbei. 2

Diese $30\,\frac{\text{m}}{\text{s}}$ setzen sich zusammen aus der Geschwindigkeit $20\,\frac{\text{m}}{\text{s}}$ des Zuges von Jonas sowie der Geschwindigkeit $x\,\frac{\text{m}}{\text{s}}$ des Gegenzuges.

$\Rightarrow \quad x = 30\,\frac{\text{m}}{\text{s}} - 20\,\frac{\text{m}}{\text{s}} = 10\,\frac{\text{m}}{\text{s}} = 36\,\frac{\text{km}}{\text{h}} \qquad \left(\text{da } 1\,\frac{\text{m}}{\text{s}} = 3{,}6\,\frac{\text{km}}{\text{h}}\right)$ 2

Der Gegenzug fährt mit einer Geschwindigkeit von $36\,\frac{\text{km}}{\text{h}}$.

Klassenarbeit 2

BE

1. a) Julia fährt auf ihrem Rad stets mit konstanter Geschwindigkeit. Berechne die fehlenden Werte in der folgenden Tabelle sowie den Proportionalitätsfaktor m und gib die Zuordnungsvorschrift an. 4

Zeit x in h	0,5	x_1	2,5	x_2
Weg y in km	12,1	36,3	y_1	121

b) Laura fährt auf ihrem Moped ebenfalls mit konstanter Geschwindigkeit doppelt so schnell wie Julia auf ihrem Rad. Wie lange braucht sie für eine Strecke von 121 km? 2

2. a) Welche der folgenden Graphen sind Funktionsgraphen (Begründung)? 2

(1)

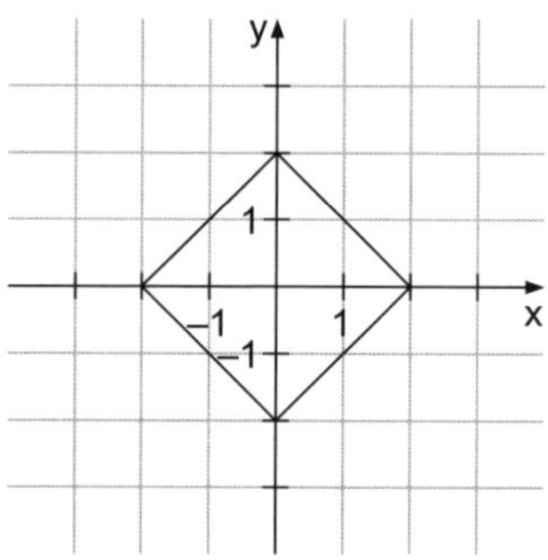

(2)

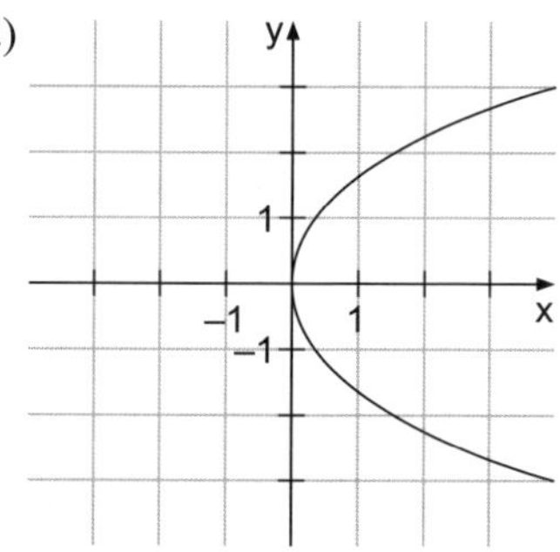

(3)

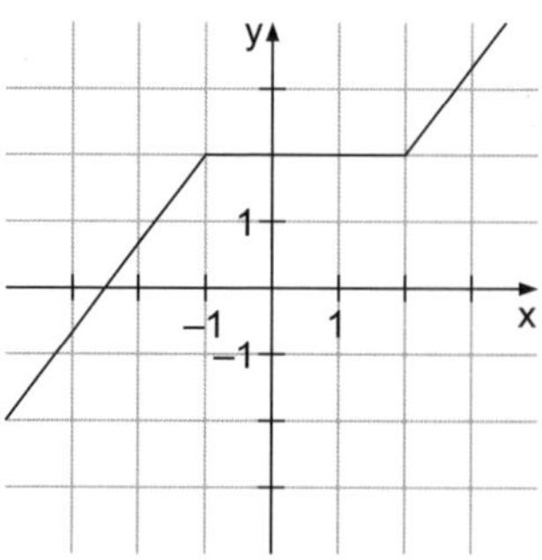

(4)

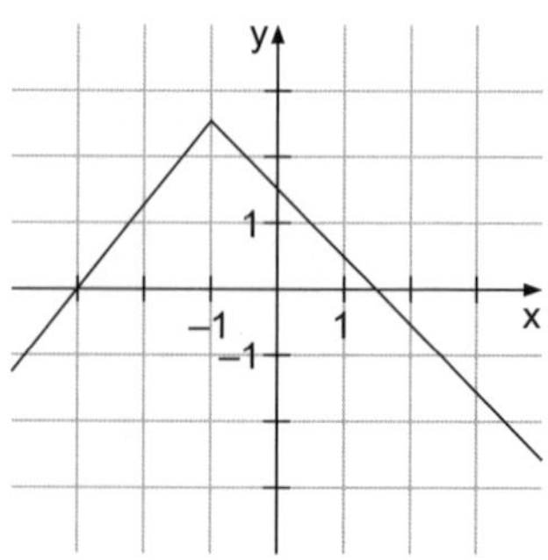

b) Gegeben ist die Gleichung $|x|+|y|=2$. 5
Bestimme alle Paare $(x|y)$ mit $x, y \in \mathbb{Z}$, die die Gleichung erfüllen, und zeichne die zugehörigen Punkte in ein Koordinatensystem.

3. a) Der Hüttenwirt Meiler hat auf seiner Berghütte Verpflegung für 12 Personen an 21 Tagen gelagert. Wie lange könnten (bei gleichem Bedarf) 14 Personen damit verpflegt werden? 4

b) Ein Kapital bringt in 168 Tagen bei $3\frac{3}{4}$ % Verzinsung einen bestimmten Zinsertrag. Mit welchem Prozentsatz müsste das Kapital angelegt sein, um in 135 Tagen den gleichen Zinsertrag zu bringen? 4

4. a) Ein konzentrischer Kreisring hat einen äußeren Umfang (= Umfang des äußeren Kreises), der dreimal so groß ist wie der Umfang des inneren Kreises. Bestimme den Anteil des Kreisrings an der Fläche des äußeren Kreises. 4

b) Eine 2-€-Münze hat einen Durchmesser von 26 mm, eine 20-Cent-Münze einen Umfang von 69 mm. Bestimme jeweils den Flächeninhalt der beiden Münzen in cm^2 (verwende für π den Näherungswert des Taschenrechners). 5

5. Eine Wasserleitung liefert in 6 Minuten 120 Liter Wasser. Wie viele Minuten muss sie geöffnet sein, um ein Becken mit dem Inhalt von 42 $h\ell$ halb zu füllen? 4

6. Ein Bus, mit einer Durchschnittsgeschwindigkeit von 40 $\frac{km}{h}$, und ein Lkw, mit einer Durchschnittsgeschwindigkeit, die um 25 % niedriger liegt, fahren zur gleichen Zeit von Forchheim nach München. Der Bus kommt $1\frac{3}{4}$ h eher an als der Lkw.
Wie lang ist die Strecke von Forchheim nach München? 6

Hinweise und Tipps

1. a) Bestimme die fehlenden Werte aus $\frac{y}{x}$ bzw. $\frac{x}{y}$ und gib $m = \frac{y}{x}$ an.

b) Doppelte Geschwindigkeit $\Rightarrow$ halbe Zeit x_2.

2. a) Erkenne aus der Definition der Funktion (3) und (4) als Funktionsgraphen.

b) Bestimme die ganzzahligen Koordinaten der acht möglichen Punkte und zeichne diese in ein Koordinatensystem.

3. a) Erkenne, dass das Produkt aus Tagen und Personen gleich bleibt.

b) Erkenne, dass das Produkt aus Tagen und Zinssatz gleich bleibt.

4. a) Schließe aus $2R\pi = 3 \cdot 2r\pi$ auf $R = 3r$ und berechne den gesuchten Anteil.

b) Rechne bei der 2-€-Münze die Fläche direkt aus, bei der 20-Cent-Münze zuerst den Radius.

5. Die Paare Wassermenge und Zeit sind quotientengleich.

6. Bestimme, wie lange und welche Strecke der Lkw noch fahren muss, wenn der Bus bereits angekommen ist. Berechne anschließend die Entfernung aus Geschwindigkeit und Zeit.

Vertiefende Hinweise zum Lösen der Aufgaben findest du in
Training Mathematik, 8. Klasse (Buch-Nr.: 900121)

- Kapitel „Funktionale Zusammenhänge"
  1 Der Kreis
  2 Funktionale Abhängigkeit
  3 Direkte Proportionalität
  4 Indirekte Proportionalität
- Kapitel „Funktionen"
  1 Was ist eine Funktion?
  2 Die Definitionsmenge
  3 Graphen, Zeichnen von Graphen

Lösung

BE

1. a) 4 Minuten,

Mit $\frac{x}{y} = \frac{0,5}{12,1}$ bzw. $\frac{y}{x} = \frac{12,1}{0,5} = 24,2$ folgt: 1

$\frac{x_1}{36,3} = \frac{0,5}{12,1} \quad \Rightarrow \quad x_1 = 1,5$

$\frac{y_1}{2,5} = 24,2 \quad \Rightarrow \quad y_1 = 60,5$ 2

$\frac{x_2}{121} = \frac{0,5}{12,1} \quad \Rightarrow \quad x_2 = 5$

$m = \frac{y}{x} = 24,2 \quad \Rightarrow$ Zuordnung: $x \mapsto y = 24,2x$ 1

b) 2 Minuten,
Wenn Laura doppelt so schnell fährt, benötigt sie die halbe Zeit. 1
Aus der Tabelle aus a folgt: $x = \frac{x_2}{2} = 2,5$ h
Laura benötigt 2,5 h für eine Strecke von 121 km. 1

2. a) 2 Minuten,
(3) und (4) sind Funktionsgraphen, weil jedem x-Wert höchstens ein y-Wert zugeordnet wird. 2

b) 6 Minuten,
Folgende Punkte mit ganzzahligen Koordinaten erfüllen die Gleichung:
(–2 | 0), (2 | 0), (–1 | 1), (–1 | –1), (1 | 1), (1 | –1), (0 | 2), (0 | –2)

Anmerkung: Verbindet man die Punkte miteinander, so ergibt sich der Graph 2a (1).

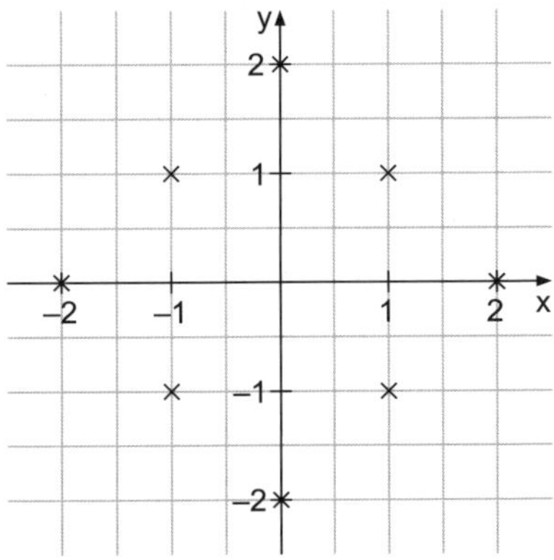

5

3. a) 4 Minuten,

Es handelt sich um eine indirekte Proportionalität, d. h. das Produkt aus Tagen und Personen bleibt gleich: 1

$12 \cdot 21 = 14 \cdot x \quad \Rightarrow \quad x = 18$ 3

Der Vorrat reicht für 14 Personen 18 Tage.

b) 4 Minuten,

Es handelt sich um eine indirekte Proportionalität, d. h. das Produkt aus Tagen und Zinssatz bleibt gleich: 1

$168 \cdot \frac{15}{4} = 135 \cdot x \quad \Rightarrow \quad x = \frac{14}{3} = 4\frac{2}{3}$ 3

Das Kapital müsste zu $4\frac{2}{3}$ % verzinst werden.

4. a) 5 Minuten,

$2R\pi = 3 \cdot 2r\pi \quad \Rightarrow \quad R = 3r$ 1

$A_{Ring} = R^2\pi - r^2\pi = 9r^2\pi - r^2\pi = 8r^2\pi$ 1

$A_{Kr} = R^2\pi = 9r^2\pi$

Anteil: $p = \frac{8r^2\pi}{9r^2\pi} = \frac{8}{9} = 88{,}89\ \%$ 2

b) 6 Minuten,

2-€-Münze: $A = \left(\frac{d}{2}\right)^2 \pi = 169\pi\ \text{mm}^2 \approx 531\ \text{mm}^2 = 5{,}31\ \text{cm}^2$ 2

20-Cent-Münze: $u = 2r\pi = 69\ \text{mm} \quad \Rightarrow \quad r \approx 10{,}98\ \text{mm}$ 1

$A = r^2\pi = 10{,}98^2\pi\ \text{mm}^2 \approx 379\ \text{mm}^2 = 3{,}79\ \text{cm}^2$ 2

5. 5 Minuten,

Die Paare Wassermenge und Zeit sind direkt proportional, d. h. quotientengleich, d. h. es gilt mit 42 hℓ = 4 200 ℓ: 1

$\frac{6}{120} = \frac{x}{2\,100} \quad \Rightarrow \quad x = 105$ 3

Die Wasserleitung muss 105 Minuten $= 1\frac{3}{4}$ h geöffnet sein.

6. 7 Minuten,

Durchschnittsgeschwindigkeit Lkw:

$$0,75 \cdot 40\,\frac{\text{km}}{\text{h}} = 30\,\frac{\text{km}}{\text{h}}$$

Der Bus legt pro Stunde 10 km mehr zurück als der Lkw.

Wenn der Bus in München ankommt, muss der Lkw noch $1\frac{3}{4}$ h fahren, d. h. noch die Strecke

$1\frac{3}{4} \cdot 30\text{ km} = 52,5\text{ km}$ 2

zurücklegen. Dieser Abstand besteht nach

$52,5\text{ km} : 10\,\frac{\text{km}}{\text{h}} = 5,25\text{ h}.$ 2

Der Bus ist also 5,25 h mit einer Geschwindigkeit von $40\,\frac{\text{km}}{\text{h}}$ von Forchheim nach München gefahren und hat damit

$5,25 \cdot 40\text{ km} = 210\text{ km}$

zurückgelegt. 2

Forchheim und München sind 210 km voneinander entfernt.

Klassenarbeit 3

BE

1. a) Warum ist die Zuordnung $x \mapsto 1{,}5 \cdot x$ die einer direkten Proportionalität? Bestimme dann die fehlenden Werte a, b, c in den Paaren $(1\,|\,a)$, $(b\,|\,6)$ und $(c\,|\,-3)$, die zur Proportion gehören. 4

b) Zeichne den Graphen der direkten Proportionalität aus Teilaufgabe a und bestimme zeichnerisch den Wert d im Zuordnungspaar $(d\,|\,4{,}5)$. 3

2. a) (1) Eine direkte Proportionalität enthält das Wertepaar $(1{,}2\,|\,-1{,}8)$.
(2) Eine indirekte Proportionalität enthält das Wertepaar $(-4{,}5\,|\,1{,}4)$.
Gib jeweils die zugehörige Gleichung an. 4

b) Zeichne die Punkte $(x\,|\,y)$ für $x < y$, $x \in \{1, 2, 3\}$ und $y \in \{3, 4\}$ in ein Koordinatensystem und entscheide, ob ein Funktionsgraph vorliegt. 3

3. a) Ein Auto benötigt mit einer konstanten Geschwindigkeit von $90\ \frac{km}{h}$ für eine bestimmte Strecke 1 h 12 min.
Wie lange würde es für die gleiche Strecke mit einer gleichmäßigen Geschwindigkeit von $120\ \frac{km}{h}$ benötigen? 4

b) Ein Becken, das 1 500 hl fasst, wird von zwei Zuflüssen in 90 Minuten gefüllt. In welcher Zeit würden fünf solcher Zuflüsse ein Becken mit 2 500 hl Inhalt füllen? 4

4. a) Ein runder Tisch hat einen Durchmesser von 1,2 m. Zeige, dass ein quadratischer Tisch mit dem gleichen Umfang eine kleinere Fläche besitzt als der runde Tisch. Bestimme dazu die Flächendifferenz (verwende $\pi = 3{,}14$). 5

b) Berechne den Umfang und den Flächeninhalt der nebenstehenden Figur.

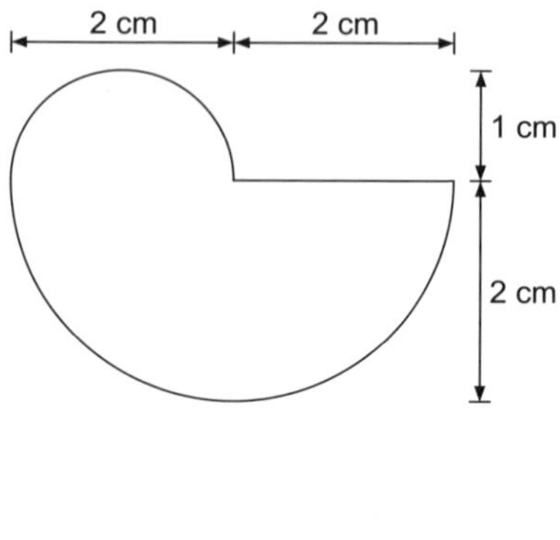

4

5. In einem Betrieb verbrauchen 40 Maschinen bei einer täglichen Arbeitszeit von 8 Stunden pro Tag Strom für 128 €. Als Kurzarbeit angeordnet wird, arbeiten noch 27 Maschinen täglich 6 Stunden.
Wie viel kostet jetzt der tägliche Verbrauch? 5

6. Eine dreistellige natürliche Zahl n hat drei gleiche Ziffern. Zeige, dass der Quotient aus der Zahl n und ihrer Quersumme stets konstant ist.
Wie groß ist dieser Wert? 4

Hinweise und Tipps

1. a) Verwende die Definition der direkten Proportionalität und berechne die fehlenden Werte.

b) Zeichne eine Ursprungsgerade z. B. durch $(1 \mid 1{,}5)$ und lies aus der Zeichnung den Wert d ab.

2. a) Gleichung der direkten (Quotientengleichheit) und Gleichung der indirekten Proportionalität (Produktgleichheit) angeben.

b) Zeichne die fünf gesuchten Punkte in ein Koordinatensystem ein und erkenne, dass keine Funktion vorliegt.

3. a) Geschwindigkeit und Zeit sind indirekt proportional, d. h. produktgleich.

b) Inhalt und Zuflussmenge sind direkt proportional. Schlussrechnung!

4. a) Bestimme aus dem Umfang des runden Tisches die Seitenlänge des Quadrats und vergleiche die beiden Flächen.

b) Berechne die Fläche als Summe der Flächen zweier Halbkreise. Bestimme den Umfang als Summe der beiden Halbkreise plus den Radius des größeren Halbkreises.

5. Maschinenstunden und Strompreis sind direkt proportional. Schlussrechnung!

6. Berechne aus $n = aaa = 100 \cdot a + 10 \cdot a + a$ und $QS(n) = a + a + a$ den gesuchten Quotienten.

Vertiefende Hinweise zum Lösen der Aufgaben findest du in
Training Mathematik, 8. Klasse (Buch-Nr.: 900121)

- Kapitel „Funktionale Zusammenhänge“
  1 Der Kreis
  2 Funktionale Abhängigkeit
  3 Direkte Proportionalität
  4 Indirekte Proportionalität
- Kapitel „Funktionen“
  1 Was ist eine Funktion?
  2 Die Definitionsmenge
  3 Graphen, Zeichnen von Graphen

Lösung

BE

1. a) 4 Minuten,
Es liegt eine direkte Proportionalität vor, weil dem k-Fachen der einen Größe das k-Fache der anderen Größe zugeordnet wird. 2
Proportionalitätsfaktor: $m = 1{,}5$
$a = 1{,}5 \cdot 1 = 1{,}5;\quad b = 6 : 1{,}5 = 4;\quad c = -3 : 1{,}5 = -2$ 2

b) 4 Minuten, /
Aus der Zeichnung liest man ab: 2
$d = 3$ 1

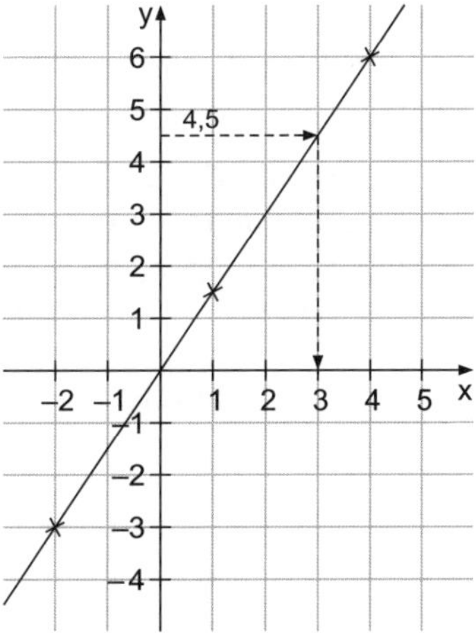

2. a) 4 Minuten, /

(1) $m = \frac{y}{x} = \frac{-1{,}8}{1{,}2} = -1{,}5 \quad \Rightarrow \quad y = -1{,}5 \cdot x$ 2

(2) $k = -4{,}5 \cdot 1{,}4 = -6{,}3 \quad \Rightarrow \quad y = \frac{-6{,}3}{x}$ 2

b) 3 Minuten,
Folgende Punkte erfüllen die Ungleichung $x < y$:
(1 | 3), (1 | 4), (2 | 3), (2 | 4), (3 | 4) 2
Aus dem nebenstehenden Graphen sieht man, dass $x = 1$ bzw. $x = 2$ jeweils zwei y-Werte zugeordnet sind, d. h. es liegt keine Funktion vor. 1

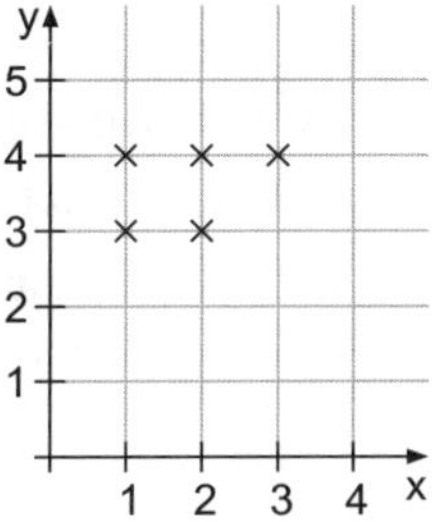

3. a) 4 Minuten,

Geschwindigkeit und Zeit sind indirekt proportional, d. h. produktgleich. Es gilt mit 1 h 12 min = 72 min: 1

$90 \cdot 72 = 120 \cdot x \quad \Rightarrow \quad x = 54$ 3

Das Auto würde 54 Minuten benötigen.

b) 5 Minuten,

1 500 $h\ell$ in $2 \cdot 90 = 180$ Zuflussminuten 1

1 $h\ell$ in $\frac{180}{1500} = 0{,}12$ Zuflussminuten 1

2 500 $h\ell$ in $0{,}12 \cdot 2\,500 = 300$ Zuflussminuten 1

$\Rightarrow$ 5 Zuflüsse benötigen 300 Minuten : 5 = 60 Minuten 1

4. a) 6 Minuten,

Umfang des runden Tischs:

$u = d \cdot \pi = 1{,}2\pi \text{ m} = 3{,}768 \text{ m}$

Daraus folgt für die Seitenlänge des quadratischen Tischs:

$a_Q = 3{,}768 \text{ m} : 4 = 0{,}942 \text{ m}$ 1

$A_{Kr} = r^2\pi = 0{,}6^2 \pi \text{ m}^2 = 1{,}1304 \text{ m}^2$ 2

$A_Q = a^2 = 0{,}942^2 \text{ m}^2 \approx 0{,}8874 \text{ m}^2$ 2

Die Kreisfläche ist daher um

$A_{Kr} - A_Q = 1{,}1304 \text{ m}^2 - 0{,}8874 \text{ m}^2 = 0{,}243 \text{ m}^2$

größer als die Quadratfläche.

b) 5 Minuten,

$A = \frac{1}{2} \cdot 2^2 \pi \text{ cm}^2 + \frac{1}{2} \cdot 1^2 \pi \text{ cm}^2 = 2{,}5\pi \text{ cm}^2 \approx 7{,}85 \text{ cm}^2$ 2

$u = \frac{1}{2} \cdot 2 \cdot 2\pi \text{ cm} + \frac{1}{2} \cdot 2 \cdot 1\pi \text{ cm} + 2 \text{ cm} = (3\pi + 2) \text{ cm} \approx 11{,}42 \text{ cm}$ 2

5. 5 Minuten,

$40 \cdot 8 = 320$ Maschinenstunden kosten 128 € 1

1 Maschinenstunde kostet $\frac{128}{320}$ € = 0,40 € 1

$27 \cdot 6 = 162$ Maschinenstunden kosten 0,40 € · 162 = 64,80 € 3

Der tägliche Stromverbrauch kostet jetzt 64,80 €.

6. 5 Minuten,

$n = aaa = 100 \cdot a + 10 \cdot a + a = 111a$ 1

$QS(n) = a + a + a = 3a$ 1

$\Rightarrow \quad \frac{n}{QS(n)} = \frac{111a}{3a} = 37$ 2

Der Quotient hat stets den Wert 37.

Klassenarbeit 4

BE

1. a) 100 g Tee sollen abgepackt werden. Welcher Zusammenhang besteht zwischen der Anzahl der Beutel und ihrem Inhalt? Vervollständige dann die folgende Tabelle: 3

Gewicht in g		20			5
Anzahl der Beutel	50		10	2	

b) Herr Schleicher fährt seine Tochter am Morgen zur Schule. Nebenstehender Graph gehört zur Fahrt, die genau sechs Minuten dauert. 7

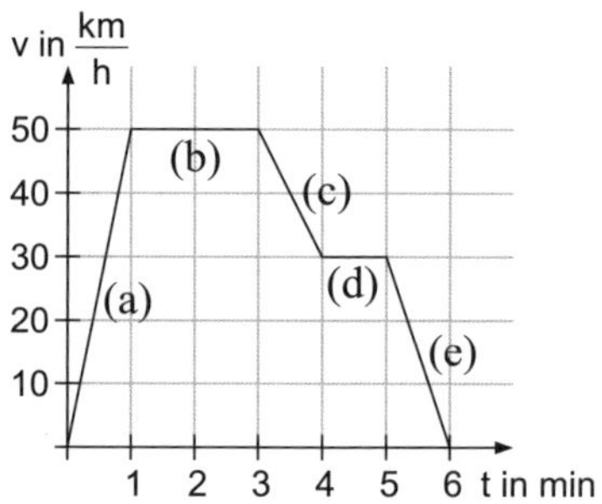

(1) Handelt es sich bei der Zuordnung Zeit t $\mapsto$ Geschwindigkeit v um eine Funktion?
Ist die Zuordnung Geschwindigkeit v $\mapsto$ Zeit t eine Funktion?
Gib jeweils eine Begründung an.

(2) Interpretiere den Graphen. Unterscheide dabei die Bereiche (a) bis (e).

2. a) Gib für die folgenden Funktionen zur zugehörigen Definitionsmenge $\mathbb{D}$ jeweils die Wertemenge $\mathbb{W}$ an:

(1) $f\colon x \mapsto y = x^2 + 4,\ \mathbb{D}_1 = \mathbb{Q}$

(2) $f\colon x \mapsto y = -4x + 3,\ \mathbb{D}_2 = [-3;\, 2]$ 4

b) Begründe, dass die Wertepaare $(-6\,|\,3)$ und $(2\,|\,-9)$ zu einer Proportionalität gehören. Gib deren Gleichung an. 2

c) Welche Funktionsgleichung gehört zur folgenden Wertetabelle? 2

x	–2	–1	0	1	2
y	6	3	0	–3	–6

3. Eine Putzkolonne von fünf Personen reinigt eine Ausstellungshalle nach Beendigung einer Veranstaltung in 6 Stunden.
Wie lange würden drei Arbeiter bei gleicher Leistung benötigen? 3

4. a) Aus einem 88 cm langen Draht wird ein Quadrat bzw. ein Kreis gebogen. Berechne den Flächeninhalt der beiden Figuren (verwende: $\pi = 3\frac{1}{7}$). 6

b) Die beiden Kreise k(M; 2 cm) und k(M; 4 cm) schließen einen Kreisring ein (siehe Skizze). Berechne den Flächeninhalt des Kreisrings und bestimme das Verhältnis dieser Fläche zu der des inneren Kreises.

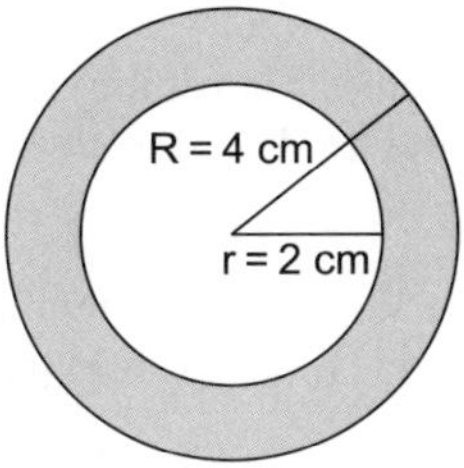

3

5. In einer Schule reicht ein Heizölvorrat bei einer durchschnittlichen Brenndauer von 18 h für 120 Tage.
(1) Wie lange reicht der Vorrat bei einer Brenndauer von 15 h pro Tag?
(2) Bei welcher Brenndauer pro Tag reicht der Vorrat nur 108 Tage? 5

6. Ein Zug benötigt von Wien nach Paris 16 Stunden. Auf der Rückfahrt fährt er mit einer um 20 $\frac{\text{km}}{\text{h}}$ höheren Durchschnittsgeschwindigkeit und benötigt deshalb 25 % weniger Zeit.
Mit welcher Durchschnittsgeschwindigkeit fuhr der Zug von Wien nach Paris und wie weit ist Wien von Paris entfernt? 5

Hinweise und Tipps

1. a) Verwende indirekte Proportionalität = Produktgleichheit mit dem Produktwert 100 g.

b) Erkenne Zuordnung $t \mapsto v$ als Funktion, aber nicht umgekehrt. Lies aus dem Graphen den Verlauf der Fahrt ab.

2. a) Die Wertemenge beinhaltet alle y-Werte, die du beim Einsetzen von x aus $\mathbb{D}_1$ bzw. $\mathbb{D}_2$ erhältst.

b) Überprüfe, ob die Paare produkt- oder quotientengleich sind.

c) Bilde die Quotienten der Spaltenwerte.

3. Verwende eine konstante Arbeitsleistung.

4. a) Berechne aus der Drahtlänge die Seitenlänge des Quadrats bzw. den Radius des Kreises und dann die jeweiligen Flächen.

b) Bestimme die Fläche des Kreisrings über $A = R^2\pi - r^2\pi$ und setze diese Fläche ins Verhältnis zur inneren Fläche.

5. Verwende jeweils einen konstanten Heizölvorrat.

6. Bestimme die Geschwindigkeit von Wien nach Paris und von Paris nach Wien in Abhängigkeit von x und finde den Ansatz $16 \cdot x = 12 \cdot (x + 20)$. Bestimme daraus die Geschwindigkeit x der Fahrt von Wien nach Paris sowie damit den Weg von Wien nach Paris.

Vertiefende Hinweise zum Lösen der Aufgaben findest du in
Training Mathematik, 8. Klasse (Buch-Nr.: 900121)

- Kapitel „Funktionale Zusammenhänge“
  1 Der Kreis
  2 Funktionale Abhängigkeit
  3 Direkte Proportionalität
  4 Indirekte Proportionalität
- Kapitel „Funktionen“
  1 Was ist eine Funktion?
  2 Die Definitionsmenge
  3 Graphen, Zeichnen von Graphen

Lösung

BE

1. a) 3 Minuten,
Bei abnehmendem Inhalt wächst die Anzahl der Beutel, d. h. es liegt indirekte Proportionalität oder Produktgleichheit vor. 1

Gewicht in g	**2**	20	**10**	**50**	5
Anzahl der Beutel	50	**5**	10	2	**20**

2

b) 7 Minuten, /
(1) Zeit t $\mapsto$ Geschwindigkeit v ist eine Funktion, da jedem t-Wert genau ein v-Wert zugeordnet ist. 2
Geschwindigkeit v $\mapsto$ Zeit t ist keine Funktion, da z. B. der Geschwindigkeit $v = 20\,\frac{km}{h}$ zwei Zeiten zugeordnet sind. 2
(2) (a) (Gleichmäßige) Beschleunigung bis $50\,\frac{km}{h}$.
(b) Gleichmäßige Geschwindigkeit $50\,\frac{km}{h}$.
(c) Abbremsen auf $30\,\frac{km}{h}$.
(d) Gleichmäßige Geschwindigkeit $30\,\frac{km}{h}$.
(e) Abbremsen bis zum Stillstand. 3

2. a) 4 Minuten,
(1) $\mathbb{W}_1 = [4; \infty[= \{y \mid 4 \leq y < \infty\}$, da $y = 4$ bei $x = 0$ der kleinste Wert ist. 2
(2) $\mathbb{W}_2 = [-5; 15] = \{y \mid -5 \leq y \leq 15\}$, da $y = -5$ für $x = 2$ und $y = 15$ für $x = -3$ die Randwerte sind. Alle anderen Werte liegen dazwischen. 2

b) 3 Minuten,
Die Paare sind wegen $(-6) \cdot 3 = 2 \cdot (-9) = -18$ produktgleich, d. h. es liegt eine indirekte Proportionalität mit der Gleichung $y = -\frac{18}{x}$ vor. 2

c) 3 Minuten,
Durch geschicktes Probieren findet man als Funktionsgleichung:
$y = -3x$ 2

3. 4 Minuten,
Es liegt eine konstante Arbeitsleistung, d. h. Produktgleichheit, vor. 1
$5 \cdot 6 = 3 \cdot x \quad \Rightarrow \quad x = 10$ 2
Die Arbeiter würden 10 Stunden benötigen.

4. a) 6 Minuten,

Quadrat: $a = 88\text{ cm} : 4 = 22\text{ cm} \quad \Rightarrow \quad A_Q = 22^2\text{ cm}^2 = 484\text{ cm}^2$ 2

Kreis: $u = 2r\pi \quad \Rightarrow \quad r = \frac{u}{2\pi} = \frac{88 \cdot 7}{2 \cdot 22}\text{ cm} = 14\text{ cm}$ 2

$A_{Kr} = r^2\pi = 14^2\,\pi\text{ cm}^2 = 196 \cdot \frac{22}{7}\text{ cm}^2 = 616\text{ cm}^2$ 2

b) 4 Minuten, /

$A_R = R^2\pi - r^2\pi = (16\pi - 4\pi)\text{ cm}^2 = 12\pi\text{ cm}^2$ 2

$A_R : A_K = 12\pi : 4\pi = 3 : 1$ 1

5. 5 Minuten,

Der Heizölvorrat bleibt konstant, d. h. $120 \cdot 18$ Brennstunden. 1

(1) $120 \cdot 18 = 15 \cdot x \quad \Rightarrow \quad x = 144$ 2

Der Vorrat reicht 144 Tage.

(2) $120 \cdot 18 = 108 \cdot y \quad \Rightarrow \quad y = 20$ 2

Die Brenndauer wäre 20 Stunden gewesen.

6. 6 Minuten,

Von Wien nach Paris: Geschwindigkeit $x\ \frac{\text{km}}{\text{h}}$;
Dauer: 16 h

Von Paris nach Wien: Geschwindigkeit $(x + 20)\ \frac{\text{km}}{\text{h}}$;
Dauer: $0{,}75 \cdot 16\text{ h} = 12\text{ h}$ 1

Damit gilt:

$16 \cdot x = 12 \cdot (x + 20)$ 1

$16x = 12x + 240 \quad |-12x$

$4x = 240 \quad |:4$ 1

$x = 60$ 1

Der Zug fährt mit einer Geschwindigkeit von $60\ \frac{\text{km}}{\text{h}}$ von Wien nach Paris.

Weg $s = 60\ \frac{\text{km}}{\text{h}} \cdot 16\text{ h} = 960\text{ km}$ 1

Die Entfernung von Wien nach Paris beträgt 960 km.

Klassenarbeiten zum Themenbereich 2

- **Lineare Funktionen**
- **Lineare Gleichungssysteme**

Klassenarbeit 5

BE

1. Gegeben ist die Gerade g durch ihre Gleichung g: $y = -0{,}8x + 1{,}5$.

a) Zeichne die Gerade mithilfe von y-Abschnitt t und Steigung m in ein Koordinatensystem, berechne die Nullstelle der Geraden und überprüfe die Lage des Punktes $P(-0{,}6\,|\,2)$ bezüglich der Geraden g. 6

b) Für welche x-Werte gilt: $-0{,}8x + 1{,}5 \geq 0$? 2

c) Die Gerade g wird an der x-Achse gespiegelt. Welche Gleichung besitzt diese Spiegelgerade g'? 2

2. Zehn Minuten nach Beginn eines Landregens befinden sich 15 ℓ Wasser in einer Regentonne. In jeweils 4 Minuten nimmt die Wassermenge in der Tonne konstant um 1 ℓ zu.

a) Wie viele Liter Wasser waren zu Beginn des Regens in der Tonne und wie viele nach 50 Minuten?
Gib dann die Funktionsgleichung der Funktion f: Zeit x nach Beginn des Regens (in Minuten) $\mapsto$ Wassermenge y (in Litern) an. 6

b) Die Regentonne fasst 50 ℓ. Wie lange muss es regnen, damit die Tonne ganz gefüllt ist? 2

3. a) Bestimme die durch Ungleichungen bestimmte Menge M zeichnerisch in einem Koordinatensystem, wenn

$$M = \left\{(x\,|\,y)\;\middle|\; 0 \leq x \leq 4 \wedge y \geq 0 \wedge y \leq \frac{1}{4}x + 1\right\}.$$ 4

b) Bestimme die Lösungsmenge $\mathbb{L}$ der Ungleichung:

$$\frac{2}{3}(4x - 2) > -\frac{1}{2}\left(x - \frac{5}{2}\right)$$ 4

4. Bestimme die Lösungsmenge $\mathbb{L}$ des folgenden Gleichungssystems rechnerisch:

I $\quad 4x + 5y = 8$

II $\quad 7x - 4y = -37$ 4

5. a) Wassermengen von 15 °C und 90 °C sollen durch Mischen 150 ℓ Wasser zu 35 °C ergeben.
Berechne mithilfe eines Gleichungssystems, wie viel Wasser man von jeder Sorte benötigt. 5

b) Ein Diskountmarkt bestellt von einem Großhändler 100 Hosen und 240 Pullover, die zusammen 10 000 € kosten. Die Hosen werden mit 30 %, die Pullover mit 40 % Gewinn verkauft. Insgesamt werden dafür 13 600 € eingenommen.
Berechne mithilfe eines Gleichungssystems, wie teuer eine Hose bzw. ein Pullover im Einkauf waren. 5

Hinweise und Tipps

1. a) Verwende für die Zeichnung den y-Abschnitt $t = 1{,}5$ und die Steigung $m = -\frac{4}{5}$. Setze für die Nullstelle $y = 0$. Setze für die Lage des Punktes die x-Koordinate in die Geradengleichung ein und vergleiche mit dem y-Wert des Punktes.

b) Im Graph zu a findest du die Werte x, für die $y \geq 0$ gilt.

c) Beachte: Spiegelung an der x-Achse bedeutet $x \mapsto x,\ y \mapsto -y$.

2. a) Überlege wie viel Wasser pro Minute zufließt (Steigung m). Der Wasserstand zu Beginn des Regens entspricht dem t-Abschnitt.

b) Setze $y = 50$ und rechne x aus.

3. a) Zeichne die Gerade $y = 0{,}25x + 1$ in ein Koordinatensystem. Gesucht sind alle Punkte im x-Intervall von 0 bis 4 auf oder oberhalb der x-Achse und auf oder unterhalb der Geraden.

b) Löse die Ungleichung mit den bekannten Äquivalenzumformungen und gib die Lösungsmenge an.

4. Multipliziere die Gleichungen mit geeigneten Zahlen und bestimme die Lösung mithilfe des Additionsverfahrens.

5. a) Man benötigt x ℓ Wasser zu 15 °C und y ℓ Wasser zu 90 °C. Zusammen ergeben sie 150 ℓ Wasser mit 35 °C.

b) Wähle x als Einkaufspreis für eine Hose und y als Einkaufspreis für einen Pullover. Fasse 30 % bzw. 40 % Gewinn als 1,3 bzw. 1,4 auf.

Vertiefende Hinweise zum Lösen der Aufgaben findest du in
Training Mathematik, 8. Klasse (Buch-Nr.: 900121)

- Kapitel „Lineare Funktionen“
  1 Beispiele linearer Funktionen
  2 Bestimmung von Nullstellen
  3 Zwei Geraden schneiden sich
  4 Intervalle
  5 Lineare Ungleichungen
- Kapitel „Lineare Gleichungssysteme“
  1 Eine Gleichung mit zwei Unbekannten
  2 Grafische Lösung linearer Gleichungssysteme
  3 Rechnerische Lösung linearer Gleichungssysteme

Lösung

BE

1. a) 7 Minuten, 3

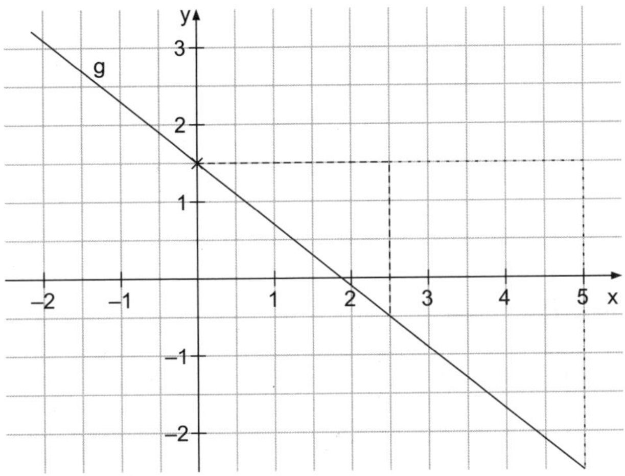

Nullstelle: $y = 0$

$-0{,}8x + 1{,}5 = 0$

$0{,}8x = 1{,}5 \qquad |:0{,}8$

$x = \frac{15}{8} = 1{,}875$ 1

Die Nullstelle liegt bei $x = 1{,}875$.

Lage von P:

$x_P = -0{,}6$ in g einsetzen: $y = 0{,}8 \cdot 0{,}6 + 1{,}5 = 1{,}98 < 2 = y_P$ 2

$\Rightarrow$ P liegt unterhalb von g.

b) 2 Minuten,

$-0{,}8x + 1{,}5 \geq 0$ entspricht $y \geq 0$. Diese Ungleichung gilt für alle x-Werte mit $x \leq 1{,}875$ d. h. $\mathbb{L} =]-\infty;\ 1{,}875]$. 2

c) 3 Minuten, /

Spiegelung an der x-Achse: $x \mapsto x,\ y \mapsto -y$

$\Rightarrow$ g': $-y = -0{,}8x + 1{,}5 \;\Rightarrow\;$ g': $y = 0{,}8x - 1{,}5$ 2

2. a) 6 Minuten,

Zu Beginn, d. h. für x = 0: $15\,\ell - \frac{10}{4}\,\ell = 12{,}5\,\ell$ (t-Abschnitt) 2

Nach 50 Minuten: $12{,}5\,\ell + \frac{50}{4}\,\ell = 25\,\ell$ 2

Funktion: $f: x \mapsto y = \frac{1}{4}x + 12{,}5$ 2

b) 2 Minuten,

$50 = \frac{1}{4}x + 12{,}5 \quad \Rightarrow \quad \frac{1}{4}x = 37{,}5 \quad \Rightarrow \quad x = 150$ 2

Es muss 150 Minuten lang regnen.

3. a) 5 Minuten, /

Die Menge M ist grau unterlegt, die Ränder gehören dazu.

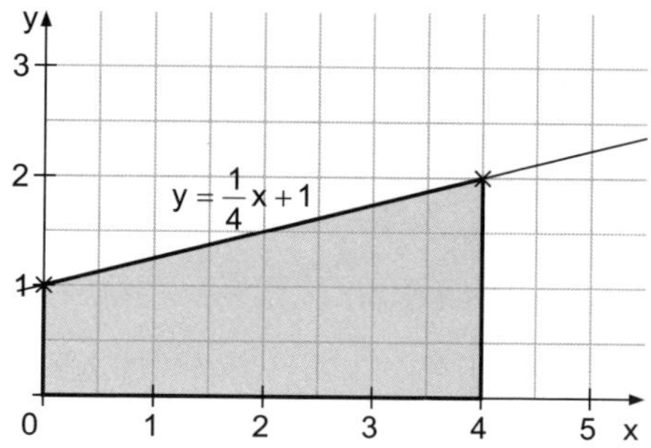

4

b) 4 Minuten, /

$\frac{2}{3}(4x-2) > -\frac{1}{2}\left(x - \frac{5}{2}\right)$

$\frac{8}{3}x - \frac{4}{3} > -\frac{1}{2}x + \frac{5}{4} \quad \left| +\frac{1}{2}x + \frac{4}{3}\right.$ 1

$\frac{16}{6}x + \frac{3}{6}x > \frac{15}{12} + \frac{16}{12}$ 1

$\frac{19}{6}x > \frac{31}{12} \quad \left| \cdot \frac{6}{19}\right.$ 1

$x > \frac{31}{38}$ 1

$\Rightarrow \quad \mathbb{L} = \left]\frac{31}{38}; \infty\right[$

4. 4 Minuten,

I $\quad 4x + 5y = 8 \quad |\cdot 4$

II $\quad 7x - 4y = -37 \quad |\cdot 5$

I $\quad 16x + 20y = 32$

II $\quad 35x - 20y = -185$ 1

I + II $\quad 51x = -153 \quad |:51$ 1

$x = -3$ 1

in I: $\quad -12 + 5y = 8$ 1

$y = 4$

$\Rightarrow \quad \mathbb{L} = \{(-3|4)\}$

5. a) 5 Minuten,

$x\ \ell$ Wasser 15 °C; $y\ \ell$ Wasser 90 °C

I $\quad x + y = 150$

II $\quad 15x + 90y = 35 \cdot 150$ 2

aus I: $\quad x = 150 - y$

in II: $\quad 15 \cdot 150 - 15y + 90y = 35 \cdot 150 \quad |-15 \cdot 150$ 2

$75y = 150 \cdot (35 - 15) \quad |:75$

$y = 40$ 1

$\Rightarrow \quad x = 150 - 40 = 110$

Man benötigt 110 ℓ Wasser zu 15° und 40 ℓ Wasser zu 90°.

b) 7 Minuten,

x: Einkaufspreis Hose y: Einkaufspreis Pullover

I $\quad 100x + 240y = 10\,000 \quad |:10$

II $\quad 100 \cdot 1{,}3x + 240 \cdot 1{,}4y = 13\,600$ 2

I $\quad 10x + 24y = 1\,000$

II $\quad 130x + 336y = 13\,600$

aus I: $\quad 10x = 1\,000 - 24y$

in II: $\quad 13\,000 - 312y + 336y = 13\,600 \quad |-13\,000$

$24y = 600 \quad |:24$ 2

$y = 25$

$\Rightarrow \quad 10x = 1\,000 - 600 = 400 \quad \Rightarrow \quad x = 40$ 1

Im Einkauf kosteten eine Hose 40 € und ein Pullover 25 €.

Klassenarbeit 6

BE

1. Gegeben ist die Gerade g durch ihre Gleichung g: $y = \frac{5}{4}x - 2$.

a) Zeichne die Gerade g mithilfe von y-Abschnitt t und Steigung m in ein Koordinatensystem. 3

b) Bestimme durch Rechnung die Lage des Punktes P(–2 | –5) bezüglich g sowie die Nullstelle von g. 4

2. a) Gib ein Gleichungssystem an, das durch das nebenstehende Diagramm grafisch gelöst wird. 4

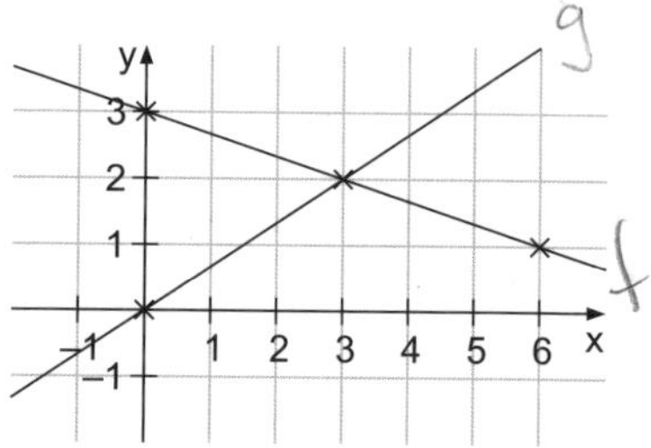

b) Löse das folgende Gleichungssystem rechnerisch:

I $(x+2)(y-3)+2y=(x-1)(y-2)-3x$

II $4(x-2)-3y=-18$ 5

c) Bestimme die Lösungsmenge des Gleichungssystems:

I $2x-3y=8$

II $6y-4x=2$ 4

3. Die Wassertiefe eines Fischteichs beträgt 1,80 m. Wenn das Wasser des Fischteichs abgelassen wird, sinkt der Wasserspiegel um 40 cm pro Stunde.

a) Gib die Funktionsgleichung der Zuordnung f: Zeit x (in h) $\mapsto$ Wassertiefe y (in m) an und zeichne den zugehörigen Graphen in ein geeignetes Koordinatensystem. 4

b) Bestimme mithilfe des Graphen, wie lange es dauert, bis der Teich leer ist, und bestätige das Ergebnis rechnerisch. 2

4. Bestimme die Lösungsmenge $\mathbb{L}$ der folgenden Ungleichung:

$5\frac{1}{2}-\frac{1}{8}x<1-\left(\frac{3}{4}x-\frac{1}{8}\right)$ 4

5. a) Das Dreifache einer Zahl ist um 1 größer als das Vierfache einer zweiten Zahl. Dagegen ist das Dreifache der zweiten Zahl um 13 kleiner als das Vierfache der ersten Zahl.
Bestimme mithilfe eines Gleichungssystems, um welche Zahlen es sich handelt. 5

b) Vater Bernd sagt zu seinem Sohn Stefan: „Vor fünf Jahren war ich 4-mal so alt wie du“. Stefan überlegt kurz und antwortet: „In 15 Jahren bist du aber nur noch doppelt so alt wie ich.“
Bestimme mithilfe eines Gleichungssystems, wie alt beide jetzt sind. 5

Hinweise und Tipps

1. a) Du kannst t und m direkt aus der Gleichung ablesen.

b) Setze den x-Wert des Punktes P in die Gleichung von g ein und vergleiche mit dem y-Wert von P. Setze für die Berechnung der Nullstelle $y=0$.

2. a) Gib die beiden Geradengleichungen durch y-Abschnitt und Steigung an.

b) Multipliziere die Klammern aus, fasse zusammen und löse anschließend das Gleichungssystem mithilfe des Additionsverfahrens.

c) Die Lösung des Gleichungssystems führt auf einen Sonderfall.

3. a) Finde die Zuordnung f: $x \mapsto y = -0{,}4x + 1{,}8$ und zeichne den Graphen.

b) Lies aus der Zeichnung die Nullstelle ab bzw. setze $y=0$.

4. Löse die Ungleichung mit den bekannten Äquivalenzumformungen und gib die Lösungsmenge an.

5. a) Finde das Gleichungssystem
I. $3x - 1 = 4y$
II. $3y + 13 = 4x$ und löse es.

b) Weise dem Alter von Vater und Sohn jeweils eine Variable zu. Übertrage die Informationen „vor 5 Jahren, viermal so alt“ und „in 15 Jahren, doppelt so alt“ in ein Gleichungssystem.

Vertiefende Hinweise zum Lösen der Aufgaben findest du in
Training Mathematik, 8. Klasse (Buch-Nr.: 900121)

- Kapitel „Lineare Funktionen“
  1 Beispiele linearer Funktionen
  2 Bestimmung von Nullstellen
  3 Zwei Geraden schneiden sich
  4 Intervalle
  5 Lineare Ungleichungen
- Kapitel „Lineare Gleichungssysteme“
  1 Eine Gleichung mit zwei Unbekannten
  2 Grafische Lösung linearer Gleichungssysteme
  3 Rechnerische Lösung linearer Gleichungssysteme
  4 Anwendungsaufgaben

Lösung

BE

1. a) 4 Minuten,

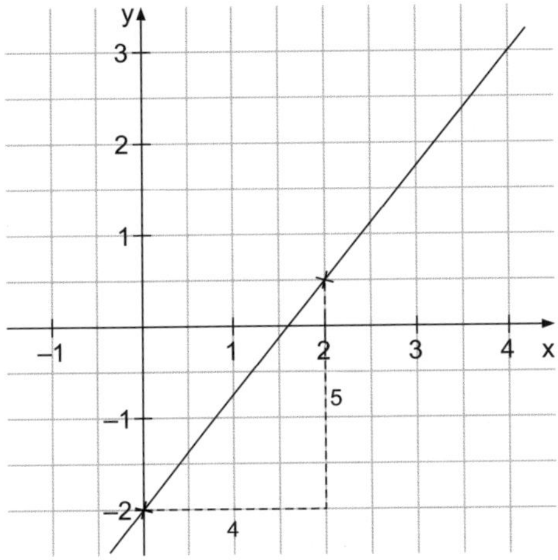

3

b) 4 Minuten, /

$x_P = -2$ in g:

$y = -\frac{5}{2} - 2 = -4{,}5 > -5 = y_P \quad \Rightarrow \quad$ P liegt unterhalb von g 2

Nullstelle:

$$y = 0$$

$$\frac{5}{4}x - 2 = 0$$

$$\frac{5}{4}x = 2$$

$x = 1{,}6 \quad \Rightarrow \quad N(1{,}6 \,|\, 0)$ 2

2. a) 4 Minuten,

I $y = \frac{2}{3}x$ oder I $\frac{2}{3}x - y = 0$ 2

II $y = -\frac{1}{3}x + 3$ oder II $\frac{1}{3}x + y = 3$ 2

b) 6 Minuten,

I $(x+2)(y-3)+2y=(x-1)(y-2)-3x$

II $4(x-2)-3y=-18$

I $xy-3x+2y-6+2y=xy-2x-y+2-3x$

II $4x-8-3y=-18$ 1

I $2x+5y=8 \quad |\cdot(-2)$

II $4x-3y=-10$ 1

I $-4x-10y=-16$

II $4x-3y=-10$ 1

I+II $-13y=-26 \quad |:(-13)$

$y=2$ 1

in I: $2x+10=8 \Rightarrow x=-1$ 1

$\Rightarrow \mathbb{L}=\{(-1|2)\}$

c) 4 Minuten,

I $2x-3y=8 \quad |\cdot 2$

II $6y-4x=2$

I $4x-6y=16$

II $-4x+6y=2$ 2

I+II $0=18$ f. 2

$\Rightarrow \mathbb{L}=\{\,\}$

3. a) 5 Minuten, /

3

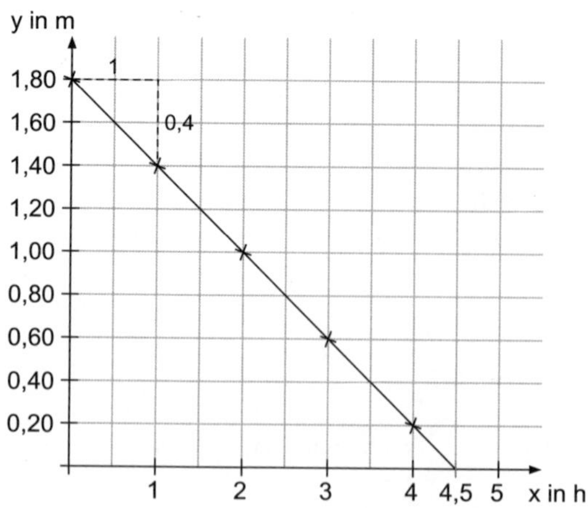

f: $y=-0{,}4x+1{,}8$ 1

b) 2 Minuten,
Aus dem Graphen von Teilaufgabe a liest man ab: $x = 4{,}5$ h 1
Rechnerisch ($y = 0$): $-0{,}4x + 1{,}8 = 0 \quad \Rightarrow \quad 0{,}4x = 1{,}8 \quad \Rightarrow \quad x = 4{,}5$ 1
Nach 4,5 h ist das Wasser abgelaufen.

4. 4 Minuten, /

$$5\frac{1}{2} - \frac{1}{8}x < 1 - \left(\frac{3}{4}x - \frac{1}{8}\right)$$

$$5\frac{1}{2} - \frac{1}{8}x < 1 - \frac{3}{4}x + \frac{1}{8} \qquad \left| + \frac{3}{4}x - 5\frac{1}{2}\right.$$ 1

$$\frac{6}{8}x - \frac{1}{8}x < \frac{9}{8} - \frac{44}{8}$$ 1

$$\frac{5}{8}x < -\frac{35}{8} \qquad \left| \cdot \frac{8}{5}\right.$$ 1

$$x < -7$$ 1

$$\Rightarrow \quad \mathbb{L} =]-\infty; -7[$$

5. a) 6 Minuten,
1. Zahl: x 2. Zahl: y

$$\begin{array}{ll} \text{I} & 3x - 1 = 4y \\ \text{II} & 3y + 13 = 4x \end{array}$$ 2

$$\begin{array}{lll} \text{I} & 3x - 4y = 1 & | \cdot 3 \\ \text{II} & -4x + 3y = -13 & | \cdot 4 \end{array}$$ 1

$$\begin{array}{ll} \text{I} & 9x - 12y = 3 \\ \text{II} & -16x + 12y = -52 \end{array}$$ 1

$$\begin{array}{lll} \text{I} + \text{II} & -7x = -49 & | : (-7) \\ & x = 7 & \end{array}$$

in I: $21 - 1 = 4y \quad \Rightarrow \quad y = 5$ 1

Die erste Zahl heißt 7, die zweite 5.

b) 6 Minuten,

x: Alter des Vaters   y: Alter des Sohnes

I $\quad x - 5 = 4 \cdot (y - 5)$

II $\quad x + 15 = 2 \cdot (y + 15)$ 2

I $\quad x - 5 = 4y - 20$

II $\quad x + 15 = 2y + 30$ 1

II − I $\quad 20 = -2y + 50$

$2y = 30 \quad \Rightarrow \quad y = 15$ 1

in I: $\quad x - 5 = 40 \quad \Rightarrow \quad x = 45$ 1

Der Vater ist 45 Jahre, der Sohn 15 Jahre alt.

Klassenarbeit 7

BE

1. a) Stelle die Gleichung der Geraden g durch die Punkte $A(0|-2)$ und $B(2|-1)$ auf. 2

b) Zeichne die Gerade g und die Gerade h: $5y + 6x = 20$ in ein Koordinatensystem und berechne die Koordinaten des Schnittpunktes S der beiden Geraden. 5

c) Die Geraden g und h schließen mit der y-Achse ein dreieckförmiges Flächenstück ein. Berechne dessen Inhalt. 3

2. a) Herr Merkel verfolgt das Wachstum seiner exotischen Gartenpflanze, die bereits eine Höhe von 80 cm erreicht hat. Er stellt fest, dass sie täglich (konstant) um 12 cm wächst.
Stelle für die Funktion f: Anzahl x der Tage $\mapsto$ Höhe y der Pflanze (in cm) die Funktionsgleichung auf und berechne die Höhe der Pflanze nach acht Tagen sowie die Dauer des Wachstums, bis die Pflanze das Ende eines 4,40 m langen Drahtes erreicht hat, an dem sie sich hochrankt. 6

b) Frau Schober fährt innerhalb der Stadt mit der erlaubten Geschwindigkeit von 50 $\frac{km}{h}$. Nach dem Ortsschild beschleunigt sie, sodass ihre Geschwindigkeit gleichmäßig ansteigt. Gleichzeitig startet ihre Beifahrerin Ute eine Stoppuhr. Sie stellt fest, dass das Auto nach 1 Sekunde die Geschwindigkeit 58 $\frac{km}{h}$ und nach 5 Sekunden 90 $\frac{km}{h}$ erreicht.
Stelle diesen Vorgang in einem Zeit-Geschwindigkeit-Diagramm dar (Hinweis: Beginne mit dem Zeitpunkt des „Gasgebens“) und gib dessen Funktionsgleichung an. 5

3. Bestimme die Lösungsmenge $\mathbb{L}$ der folgenden Ungleichung:

$1{,}5 - 6 \cdot \left(\frac{3}{2}x - 4\right) > -2{,}5(x - 2)$ 4

4. Bestimme die Lösungen der folgenden Gleichungssysteme:

a) I $\quad 2x + 3 = y$
II $\quad 4x - 2y = -8$ 3

b) I $(x-4)(y+3)-(x+2)(y-6)=3$
II $(x+1)(y-2)-(x-3)(y-4)=24$ 6

5. Auf einem Bauernhof stellt Luise bei der Betrachtung der Kühe und der Hühner fest, dass sie zusammen 75 Köpfe und 230 Beine besitzen.

a) Berechne mithilfe eines Gleichungssystems, wie viele Kühe und wie viele Hühner Luise gezählt hat. 4

b) Der Bauer verkauft 30 % der Kühe und 40 % der Hühner.
Wie viele dieser Tiere befinden sich dann noch auf dem Bauernhof? 2

Hinweise und Tipps

1. a) Bestimme die Steigung $m = \frac{y_B - y_A}{x_B - x_A}$ und lies aus dem Punkt A t ab.

b) Bringe die Gerade h auf die Form $y = mx + t$ und zeichne g und h in ein Koordinatensystem mittels m und t. Löse dann das Gleichungssystem aus g und h mithilfe des Einsetzungs- oder des Gleichsetzungsverfahrens.

c) Das Dreieck hat die Differenz der y-Abschnitte als Grundlinie und den x-Wert des Schnittpunkts als Höhe. Die Fläche wird über $A = \frac{1}{2} \cdot g \cdot h$ berechnet.

2. a) Finde die Funktionsgleichung $y = 12x + 80$ (berechne y(8) bzw. $y = 440$).

b) Zeichne die Punkte $(1\,|\,58)$ und $(5\,|\,90)$ aus Zeit und Geschwindigkeit in ein geeignetes Koordinatensystem. Aus $50\,\frac{km}{h}$ auf $58\,\frac{km}{h}$ in 1 s erhältst du die Geradengleichung.

3. Löse die Ungleichung mithilfe der bekannten Äquivalenzumformungen.

4. a) Die Lösung des Gleichungssystems mit dem Einsetzungsverfahren führt auf einen Sonderfall.

b) Multipliziere die Klammern aus, fasse zusammen und löse anschließend das Gleichungssystem mit dem Additionsverfahren.

5. a) Überlege, wie viele Beine Kühe bzw. Hühner haben. Stelle jeweils eine Gleichung für die Anzahl der Köpfe und die Anzahl der Beine auf.

b) Berechne die Anzahl der verbleibenden Tiere über $z = 0{,}7 \cdot x + 0{,}6 \cdot y$.

Vertiefende Hinweise zum Lösen der Aufgaben findest du in
Training Mathematik, 8. Klasse (Buch-Nr.: 900121)

- Kapitel „Lineare Funktionen“
  1 Beispiele linearer Funktionen
  2 Bestimmung von Nullstellen
  3 Zwei Geraden schneiden sich
  4 Intervalle
  5 Lineare Ungleichungen
- Kapitel „Lineare Gleichungssysteme“
  1 Eine Gleichung mit zwei Unbekannten
  2 Grafische Lösung linearer Gleichungssysteme
  3 Rechnerische Lösung linearer Gleichungssysteme
  4 Anwendungsaufgaben

Lösung

BE

1. a) 2 Minuten,

Aus A(0|–2) folgt: t=–2 1

$m = \frac{y_B - y_A}{x_B - x_A} = \frac{-1+2}{2-0} = \frac{1}{2} \quad \Rightarrow \quad y = \frac{1}{2}x - 2$ 1

b) 5 Minuten,

Mit h: $y = -\frac{6}{5}x + 4$ ergibt sich:

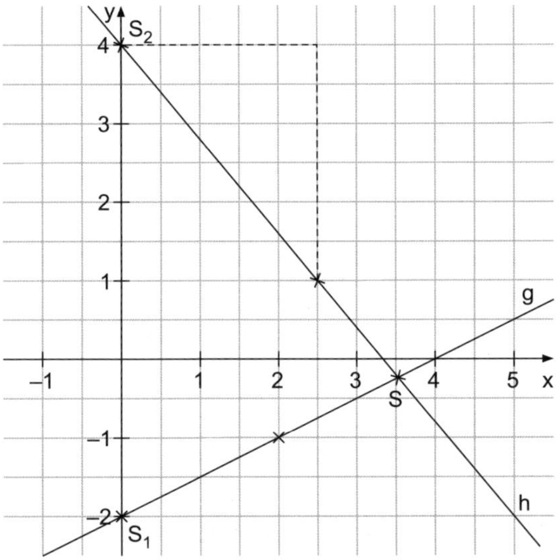

2

$g\colon y = \frac{1}{2}x - 2$ in h: $5\left(\frac{1}{2}x - 2\right) + 6x = 20$

$$2{,}5x - 10 + 6x = 20 \quad |+10$$

$$8{,}5x = 30 \quad |:8{,}5$$

$$x = \frac{60}{17}$$

in g: $y = \frac{30}{17} - 2 = -\frac{4}{17}$ 3

$\Rightarrow \; S\left(\frac{60}{17} \,\middle|\, -\frac{4}{17}\right)$

oder

$h\colon y = -\frac{6}{5}x + 4$

$$g = h\colon \quad \frac{1}{2}x - 2 = -\frac{6}{5}x + 4 \quad \left| + \frac{6}{5}x + 2 \right.$$

$$\frac{5}{10}x + \frac{12}{10}x = 6$$

$$\frac{17}{10}x = 6 \quad \left| \cdot \frac{10}{17} \right.$$

$$x = \frac{60}{17}$$

$$\Rightarrow \quad y = \frac{30}{17} - 2 = -\frac{4}{17} \quad \Rightarrow \quad S\left(\frac{60}{17} \middle| -\frac{4}{17}\right)$$

c) 3 Minuten, /

Schnittpunkte mit der y-Achse: $S_1(0|-2)$, $S_2(0|4)$ 1

$\Rightarrow$ Grundlinie $g = 6$ und Höhe $h = x_s = \frac{60}{17}$ 1

$\Rightarrow \quad A = \frac{1}{2} \cdot g \cdot h = \frac{1}{2} \cdot 6 \cdot \frac{60}{17} = \frac{180}{17} = 10\frac{10}{17}$ (FE) 1

2. a) 6 Minuten,

$m = 12$ (tägliches Wachstum) $\quad t = 80$ (Ausgangshöhe) (Maße in cm)

$\Rightarrow \quad y = 12x + 80$ 3

$y(8) = 96 + 80 = 176$ (cm) 1

$440 = 12x + 80 \quad |-80$

$360 = 12x \quad |:12$

$x = 30$ (Tage) 2

Nach 8 Tagen ist die Pflanze 176 cm hoch, die Höhe 440 cm erreicht sie nach 30 Tagen.

b) 6 Minuten,

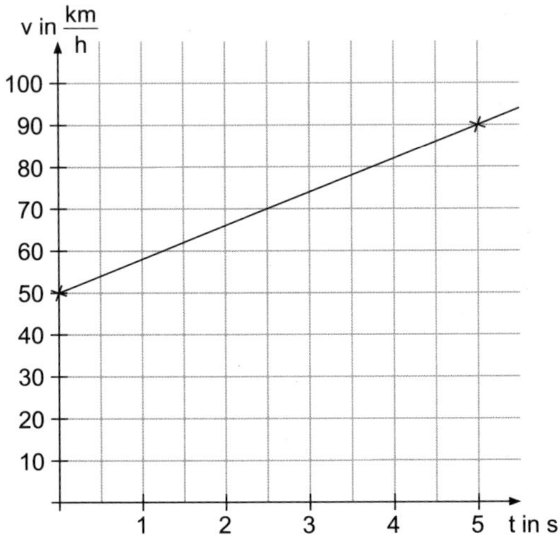

Von $50\,\frac{\text{km}}{\text{h}}$ auf

$58\,\frac{\text{km}}{\text{h}}$ in 1 s 3

$\Rightarrow \quad m = 8$

y-Abschnitt = $50\,\frac{\text{km}}{\text{h}}$

$\Rightarrow \quad f\colon t \mapsto v = 8t + 50$ 2

3. 4 Minuten,

$$1{,}5 - 6 \cdot \left(\frac{3}{2}x - 4\right) > -2{,}5(x-2)$$

$1{,}5 - 9x + 24 > -2{,}5x + 5 \quad | + 9x - 5$ 1

$20{,}5 > 6{,}5x \quad | : 6{,}5$ 1

$x < \frac{41 \cdot 2}{2 \cdot 13} = \frac{41}{13}$ 1

$\Rightarrow \quad \mathbb{L} = \left]-\infty; \frac{41}{13}\right[$ 1

4. a) 3 Minuten, /

I $\quad 2x + 3 = y$

II $\quad 4x - 2y = -8$

I in II: $\quad 4x - 4x - 6 = -8$ 2

$-6 = -8$ f. 1

$\Rightarrow \quad \mathbb{L} = \{\ \}$

b) 7 Minuten, /

I $(x-4)(y+3)-(x+2)(y-6)=3$

II $(x+1)(y-2)-(x-3)(y-4)=24$

I $xy+3x-4y-12-xy+6x-2y+12=3$ 1

II $xy-2x+y-2-xy+4x+3y-12=24$ 1

I $9x-6y=3 \quad \left| \cdot \frac{2}{3} \right.$

II $2x+4y=38$ 1

I $6x-4y=2$

II $2x+4y=38$ 1

I + II $8x=40 \quad |:8$ 1

$x=5$ 1

in I: $30-4y=2$

$\Rightarrow \quad y=7 \quad \Rightarrow \quad \mathbb{L}=\{(5|7)\}$

5. a) 6 Minuten,

x: Kühe y: Hühner

I $x+y=75 \quad |\cdot(-2)$

II $4x+2y=230$ 2

I $-2x-2y=-150$

II $4x+2y=230$ 1

I + II $2x=80$

$x=40$ 1

in I: $40+y=75$

$\Rightarrow \quad y=35$

Es handelt sich um 40 Kühe und 35 Hühner.

b) 3 Minuten, /

Es verbleiben $0{,}7\cdot 40+0{,}6\cdot 35=28+21=49$ Tiere auf dem Bauernhof. 2

Klassenarbeit 8

BE

1. Eine Gerade g hat die Steigung $m = -\frac{2}{5}$ und geht durch den Punkt $A(-3|4)$.

a) Zeichne diese Gerade mithilfe des Punktes A und der Steigung m in ein Koordinatensystem, gib die Gleichung der Geraden g an und bestimme ihre Schnittpunkte mit den Koordinatenachsen. 5

b) Die Punkte $B(-5{,}5|y)$ und $C(x|-1)$ sollen auf g liegen. Bestimme die fehlenden Werte. 2

c) Der Punkt $D(8{,}5|-3{,}4)$ wird am Ursprung in den Punkt D' gespiegelt. Bestimme die Gleichung der Geraden h, die parallel zu g ist und durch den Punkt D' geht. 3

2. Es gibt verschiedene Temperaturskalen. Bei uns wird in °C (Grad Celsius), in den USA meistens in °F (Grad Fahrenheit) gemessen. 20 °C entsprechen 68 °F und 70 °C entsprechen 158 °F.

a) Stelle die Gleichung der Funktion $f: x\ (°C) \mapsto y\ (°F)$ auf. 3

b) Welchem Wert in °C entspricht 0 °F und welche Bedeutung hat dieser Wert für die Funktion f? 3

3. Bestimme jeweils die Lösungsmenge der Ungleichung. 5

(1) $|3x+12|<6$

(2) $|x-2|<-1$

4. a) Gegeben ist das folgende Gleichungssystem:

I $4y+3x=20$

II $x=2y$

Löse das Gleichungssystem grafisch und bestätige das Ergebnis rechnerisch. 6

b) Bestimme die Lösungsmenge des folgenden Gleichungssystems:

I $\frac{10}{3}x+\frac{5}{2}y=75$

II $\frac{11}{3}x-\frac{11}{2}y=0$ 4

5. a) Bestimme mithilfe eines Gleichungssystems zwei Zahlen so, dass deren Differenz und deren Quotient beide den Wert 6 besitzen. 4

b) Ein Trapez mit der Höhe $h = 3{,}5$ cm besitzt den Flächeninhalt $24{,}5\ cm^2$. Die beiden parallelen Seiten a und c unterscheiden sich um 4 cm.
Bestimme mithilfe eines Gleichungssystems die Länge der beiden Seiten a und c. 5

Hinweise und Tipps

1. a) Zeichne die Gerade durch Antragen des Steigungsdreiecks am Punkt A, gib die Gleichung an und berechne die Schnittpunkte mit der x-Achse ($y=0$) und der y-Achse ($x=0$).

b) Setze die Werte x_B bzw. y_C in die Geradengleichung ein und berechne jeweils den fehlenden Wert.

c) Beachte: Spiegelung am Ursprung: $x \mapsto -x$ und $y \mapsto -y$. Verwende, dass parallele Geraden die gleiche Steigung besitzen.

2. a) Aus den gegebenen Punkten kannst du m und t berechnen.

b) Setze zur Berechnung des gesuchten Wertes $y=0$.

3. Bestimme in (1) die Lösung durch Aufstellen der Doppelungleichung $-6<3x+12<6$ und erkenne, dass in (2) ein Sonderfall vorliegt.

4. a) Zeichne die Graphen $y=-\frac{3}{4}x+5$ sowie $y=\frac{1}{2}x$, lies den Schnittpunkt ab und bestätige das Ergebnis mit dem Gleichsetzungsverfahren.

b) Löse das Gleichungssystem nach Beseitigung der Brüche durch geeignete Multiplikation mithilfe des Einsetzungsverfahrens.

5. a) Wähle x als 1. Zahl und y als 2. Zahl. Stelle Differenz und Quotient dieser Zahlen auf. Löse das Gleichungssystem.

b) Die Differenz und der Flächeninhalt bilden jeweils eine Gleichung.

Vertiefende Hinweise zum Lösen der Aufgaben findest du in
Training Mathematik, 8. Klasse (Buch-Nr.: 900121)

- Kapitel „Lineare Funktionen“
  1 Beispiele linearer Funktionen
  2 Bestimmung von Nullstellen
  3 Zwei Geraden schneiden sich
  4 Intervalle
  5 Lineare Ungleichungen
- Kapitel „Lineare Gleichungssysteme“
  1 Eine Gleichung mit zwei Unbekannten
  2 Grafische Lösung linearer Gleichungssysteme
  3 Rechnerische Lösung linearer Gleichungssysteme
  4 Anwendungsaufgaben

Lösung

BE

1. a) 6 Minuten,

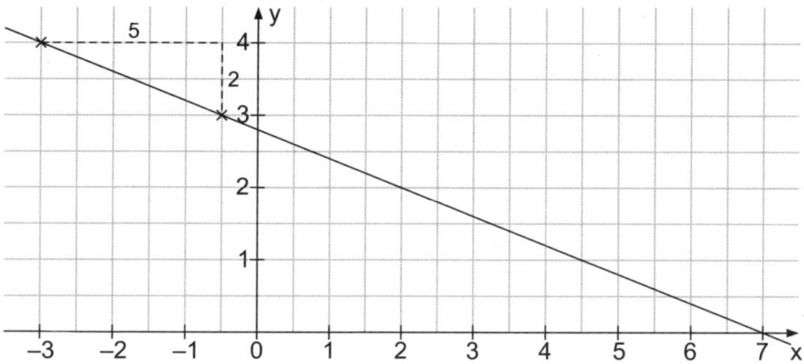

2

$y = -\frac{2}{5}x + t$

A(–3 | 4) eingesetzt: $4 = \frac{6}{5} + t \Rightarrow t = \frac{14}{5} \Rightarrow y = -\frac{2}{5}x + \frac{14}{5}$ 1

Schnittpunkt mit x-Achse (y = 0): $\frac{2}{5}x = \frac{14}{5} \Rightarrow x = 7 \Rightarrow N_1(7\,|\,0)$ 1

Schnittpunkt mit y-Achse (x = 0): $y = \frac{14}{5} \Rightarrow N_2\left(0 \,\middle|\, \frac{14}{5}\right)$ 1

b) 2 Minuten,

B in g: $y = \frac{2}{5} \cdot \frac{11}{2} + \frac{14}{5} = \frac{25}{5} = 5 \Rightarrow B(-5{,}5\,|\,5)$ 1

C in g: $-1 = -\frac{2}{5}x + \frac{14}{5} \Rightarrow \frac{2}{5}x = \frac{19}{5}$

$\Rightarrow x = \frac{19}{2} = 9{,}5 \Rightarrow C(9{,}5\,|\,-1)$ 1

c) 4 Minuten,

Wegen $x \mapsto -x \wedge y \mapsto -y \Rightarrow D'(-8{,}5\,|\,3{,}4)$ 1

h: $y = -\frac{2}{5}x + t$ (gleiche Steigung wie g!)

D' in h: $3{,}4 = \frac{2}{5} \cdot \frac{17}{2} + t \Rightarrow t = 0 \Rightarrow$ h: $y = -\frac{2}{5}x$ 2

2. a) 3 Minuten,

A(20 °C | 68 °F) B(70 °C | 158 °F)

$m = \frac{y_B - y_A}{x_B - x_A} = \frac{90\,°F}{50\,°C} = 1{,}8\,\frac{°F}{°C}$ 1

$y = 1{,}8x + t$ 1

A eingesetzt: $68 = 36 + t \Rightarrow t = 32\,(°F) \Rightarrow y = 1{,}8x + 32$ 1

b) 3 Minuten, /

$y = 0\,°F$: $1{,}8x + 32 = 0 \Rightarrow x = -\frac{32 \cdot 5}{9} = -\frac{160}{9} = -17{,}78\,°C$ 2

Der Schnittpunkt der Geraden mit der Celsiusgradachse liegt bei –17,78 °C. 1

3. 5 Minuten, /

(1) $-6 < 3x + 12 < 6 \quad | -12$ 1

$-18 < 3x < -6 \quad | :3$ 1

$-6 < x < -2 \quad \Rightarrow \mathbb{L}_1 =]-6; -2[$ 2

(2) $|x - 2| < -1$ f., weil ein Betrag nicht negativ werden kann 1

$\Rightarrow \mathbb{L}_2 = \{\ \}$

4. a) 6 Minuten,

Grafische Lösung:

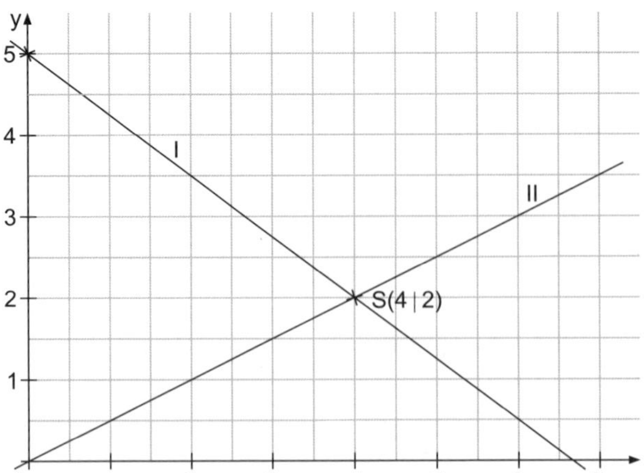

Graph I:

$y = -\frac{3}{4}x + 5$

Graph II:

$y = \frac{1}{2}x$

$\Rightarrow S(4|2)$ 3

Rechnerisch:

I = II: $\frac{1}{2}x = -\frac{3}{4}x + 5 \quad \left| + \frac{3}{4}x \right.$ 1

$\frac{5}{4}x = 5 \quad \left| \cdot \frac{4}{5} \right.$ 1

$x = 4$

in II: $y = 2 \quad \Rightarrow \quad \mathbb{L} = \{(4|2)\}$ 1

b) 5 Minuten,

I $\quad \frac{10}{3}x + \frac{5}{2}y = 75 \quad |\cdot 6$

II $\quad \frac{11}{3}x - \frac{11}{2}y = 0 \quad |\cdot 6$

I $\quad 20x + 15y = 450$ 1

II $\quad 22x - 33y = 0$

---

aus II: $\quad x = \frac{3}{2}y$ 1

in I: $\quad 30y + 15y = 450$ 1

$45y = 450 \quad |:45$ 1

$y = 10 \quad \Rightarrow \quad x = 15$

$\Rightarrow \quad \mathbb{L} = \{(15|10)\}$

5. a) 5 Minuten,

1. Zahl: x 2. Zahl: y

I $\quad x - y = 6$

II $\quad \frac{x}{y} = 6$ 2

---

aus II: $\quad x = 6y$

in I: $\quad 6y - y = 6$ 1

$5y = 6 \quad |:5$

$y = 1{,}2$ 1

$\Rightarrow \quad x = 6y = 6 \cdot 1{,}2 = 7{,}2$

Die erste Zahl heißt 7,2, die zweite 1,2.

b) 6 Minuten,

Längere Seite: a kürzere Seite: c

I $a - c = 4$

II $\frac{1}{2}(a+c) \cdot 3{,}5 = 24{,}5$ 2

aus I: $a = 4 + c$

in II: $\frac{1}{2}(4+2c) \cdot 3{,}5 = 24{,}5 \quad |:3{,}5$ 1

$2 + c = 7 \quad |-2$ 1

$c = 5$ 1

$\Rightarrow \; a = 4 + c = 9$

Die parallelen Seiten sind $a = 9$ cm und $c = 5$ cm.

Klassenarbeit 9

BE

1. Gegeben ist die Gerade g: $3x + 4y - 7 = 0$

a) Bestimme die Lage des Punktes $P(3\,|\,5)$ bezüglich der Geraden g und gib dann die Gleichung der Geraden h an, die zur Geraden g parallel ist und durch den Punkt P verläuft. 4

b) Zeichne die Gerade g mithilfe von y-Abschnitt t und Steigung m in ein Koordinatensystem. Bestimme dann den Inhalt der Fläche, die die Gerade mit den Koordinatenachsen einschließt. 4

c) Die Gerade g wird an der Winkelhalbierenden $y = -x$ des zweiten und vierten Quadranten gespiegelt.
Bestimme die neue Steigung und den neuen y-Abschnitt und gib die Gleichung dieser Spiegelgeraden g' an. 5

2. Kennzeichne in einem Koordinatensystem die Punktemenge, deren Koordinaten die folgenden drei Ungleichungen erfüllen:

$y > -2, \quad x < 0, \quad y < -\frac{1}{2}x$ 3

3. Familie Neuber überlegt beim Hausbau, ob ihre Zentralheizung mit einem Ölkessel oder einer Wärmepumpe betrieben werden soll. Im ersten Fall betragen die Anschaffungskosten 5 000 € bei Betriebskosten von 2 500 € pro Jahr. Im zweiten Fall ergeben sich 8 000 € Anschaffungskosten und Betriebskosten von 1 500 € im Jahr.

a) Stelle die beiden Funktionsgleichungen für die Gesamtkosten (y in €) in Abhängigkeit von der Betriebszeit (x in Jahren) auf. 2

b) Berechne, nach wie vielen Jahren die Gesamtkosten gleich hoch sind und wie hoch die finanzielle Einsparung der wirtschaftlicheren Anlage nach 12 Jahren Betriebsdauer ist. 3

4. Bestimme jeweils die Lösungsmenge des Gleichungssystems:

a) I $8x - 12y = 5$
II $9y - 6x = -3{,}75$ 3

b) I $(2x - 2)(3y - 9) = (2x + 3)(3y + 6)$
II $(3x + 11)(4y - 3) = 2y(6x + 16)$ 5

5. a) Stefanie kauft ein. „Geben Sie mir 3 Pfund Äpfel und 4 Pfund Aprikosen“, sagt sie zum Obsthändler und legt 12 € auf den Ladentisch, genau den richtigen Betrag. Als der Verkäufer gerade das Obst einpacken will, meint sie: „Geben Sie mir doch lieber 4 Pfund Äpfel und nur 3 Pfund Aprikosen.“ Daraufhin sagt der Verkäufer: „Dann bekommst du aber noch 90 Cent zurück.“
Bestimme mithilfe eines Gleichungssystems, was 1 Pfund Äpfel und 1 Pfund Aprikosen kosten. 5

b) Der Umfang eines Rechtecks beträgt 15 cm. Wird die eine Seite um 40 % vergrößert, die andere um 30 % verkleinert, dann wächst der Umfang um 0,4 cm. Berechne den Flächeninhalt des ursprünglichen Rechtecks.

Hinweis: Bestimme zuerst mithilfe eines Gleichungssystems die Längen der Seiten des Rechtecks und damit dann den Flächeninhalt. 6

Hinweise und Tipps

1. a) Setze den x-Wert des Punktes P in die Geradengleichung ein und vergleiche mit dem y-Wert des Punktes P. Stelle die Gleichung der Geraden h über $m = m_g$ und $P \in h$ auf.

b) Zeichne die Gerade g, bestimme die Schnittpunkte mit den Koordinatenachsen und berechne den Inhalt des Dreiecks.

c) Beachte: Spiegelung an $y = -x$ bedeutet $x \mapsto -y$ und $y \mapsto -x$.

2. Zeichne die Geraden $y = -2$ und $y = -\frac{1}{2}x$ in ein Koordinatensystem und schraffiere alle Punkte mit einem negativen x-Wert, die zwischen den beiden Geraden liegen.

3. a) Finde die Gleichung $y = 5\,000 + 2\,500 \cdot x$ für den Ölkessel und $y = 8\,000 + 1\,500 \cdot x$ für die Wärmepumpe.

b) Setze die beiden y-Werte aus a gleich und berechne damit die Gleichheit der Gesamtkosten. Setze dann $x = 12$ in beide Gleichungen ein und vergleiche diese Werte.

4. a) Löse das Gleichungssystem mit dem Additionsverfahren.

b) Multipliziere die Klammern aus, fasse zusammen und löse das Gleichungssystem mit dem Additionsverfahren.

5. a) Bezeichne 1 Pfund Äpfel mit x und 1 Pfund Aprikosen mit y. Stelle die zwei Gleichungen auf und löse das Gleichungssystem.

b) Um 40 % vergrößern bedeutet den Faktor 1,4, um 30 % verkleinern 0,7.

Vertiefende Hinweise zum Lösen der Aufgaben findest du in
Training Mathematik, 8. Klasse (Buch-Nr.: 900121)

- Kapitel „Lineare Funktionen“
  1 Beispiele linearer Funktionen
  2 Bestimmung von Nullstellen
  3 Zwei Geraden schneiden sich
  4 Intervalle
  5 Lineare Ungleichungen
- Kapitel „Lineare Gleichungssysteme“
  1 Eine Gleichung mit zwei Unbekannten
  2 Grafische Lösung linearer Gleichungssysteme
  3 Rechnerische Lösung linearer Gleichungssysteme
  4 Anwendungsaufgaben

Lösung

BE

1. a) 4 Minuten, /

$$g: 3x + 4y - 7 = 0 \quad \big| -3x + 7$$

$$4y = -3x + 7 \quad \big| :4$$

$$y = -\frac{3}{4}x + \frac{7}{4}$$

$x_P = 3$ in g: $y = -\frac{9}{4} + \frac{7}{4} = -\frac{2}{4} = -\frac{1}{2} < 5 = y_P$ 2

$\Rightarrow$ P liegt oberhalb der Geraden g

h: $y = -\frac{3}{4}x + t$ (gleiche Steigung wie g!)

P(3 | 5) eingesetzt: $5 = -\frac{9}{4} + t \quad \Rightarrow \quad t = \frac{29}{4}$

$\Rightarrow$ h: $y = -\frac{3}{4}x + \frac{29}{4}$ 2

oder:

h: $3x + 4y + c = 0$

P eingesetzt: $9 + 20 + c = 0 \quad \Rightarrow \quad c = -29$

$\Rightarrow$ h: $3x + 4y - 29 = 0$

b) 5 Minuten, /

Graph:

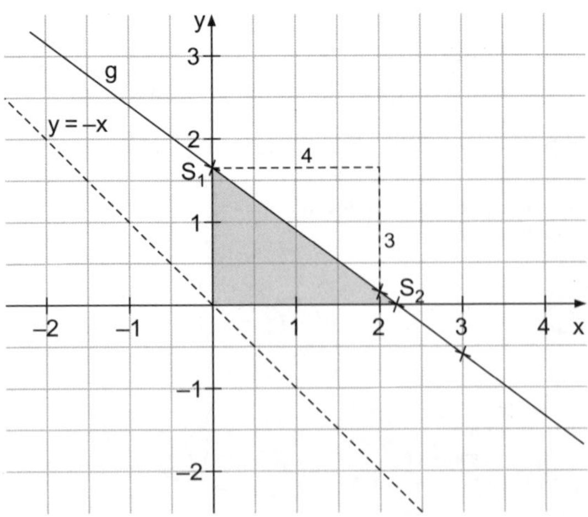

2

y-Achse: $S_1\left(0 \,\middle|\, \frac{7}{4}\right)$

x-Achse (y = 0): $-\frac{3}{4}x + \frac{7}{4} = 0$

$\frac{3}{4}x = \frac{7}{4} \Rightarrow x = \frac{7}{3} \Rightarrow S_2\left(\frac{7}{3} \,\middle|\, 0\right)$ 1

Dreiecksfläche: $A_\Delta = \frac{1}{2} \cdot \frac{7}{4} \cdot \frac{7}{3} = \frac{49}{24}$ (FE) 1

c) 6 Minuten,

y-Achsenabschnitt = Spiegelpunkt von S_2: $S_2'\left(0 \,\middle|\, -\frac{7}{3}\right)$ 1

x-Achsenabschnitt = Spiegelpunkt von S_1: $S_1'\left(-\frac{7}{4} \,\middle|\, 0\right)$ 1

Steigung $m' = \frac{-\frac{7}{3}}{\frac{7}{4}} = -\frac{4}{3}$ 2

$\Rightarrow$ g': $y = -\frac{4}{3}x - \frac{7}{3}$ 1

2. 4 Minuten,

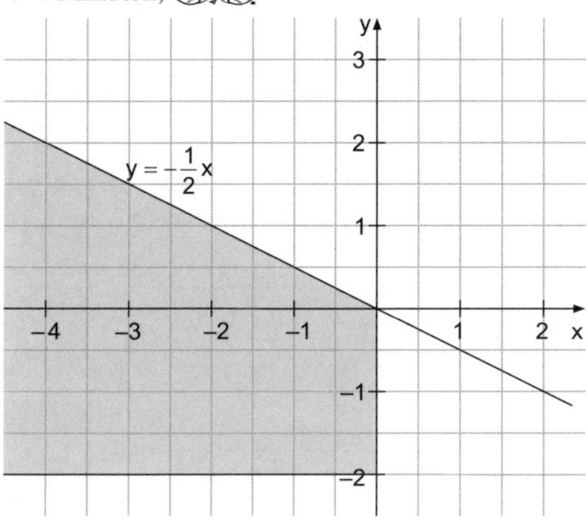

Die Ränder gehören nicht zur grauen Fläche.

3

3. a) 2 Minuten,

Ölkessel: $y = 5\,000 + 2\,500 \cdot x$ 1

Wärmepumpe: $y = 8\,000 + 1\,500 \cdot x$ 1

b) 4 Minuten,

$$\begin{aligned} 5\,000 + 2\,500x &= 8\,000 + 1\,500x \quad && |-1\,500x - 5\,000 \\ 1\,000x &= 3\,000 && |:1\,000 \\ x &= 3 \end{aligned}$$

Nach 3 Jahren sind die Gesamtkosten gleich. 1

Ölkessel $x = 12$: $y = 5\,000 + 2\,500 \cdot 12 = 35\,000$ 1

Wärmepumpe $x = 12$: $y = 8\,000 + 1\,500 \cdot 12 = 26\,000$ 1

Nach 12 Jahren ergibt sich zugunsten der Wärmepumpe eine Ersparnis von $35\,000\ € - 26\,000\ € = 9\,000\ €$.

4. a) 3 Minuten, /

$$\begin{aligned} &\text{I} & 8x - 12y &= 5 && |\cdot 3 \\ &\text{II} & 9y - 6x &= -3{,}75 && |\cdot 4 \end{aligned}$$

$$\begin{aligned} &\text{I} & 24x - 36y &= 15 \\ &\text{II} & -24x + 36y &= -15 \end{aligned}$$ 2

$\text{I} + \text{II}$ $0 = 0$ w. 1

Das Gleichungssystem hat unendlich viele Lösungen, d. h. alle Punkte, die auf den beiden identischen Geraden liegen.

b) 6 Minuten,

$$\begin{aligned} &\text{I} & (2x - 2)(3y - 9) &= (2x + 3)(3y + 6) \\ &\text{II} & (3x + 11)(4y - 3) &= 2y(6x + 16) \end{aligned}$$

$$\begin{aligned} &\text{I} & 6xy - 18x - 6y + 18 &= 6xy + 12x + 9y + 18 && |-6xy - 12x - 9y - 18 \\ &\text{II} & 12xy - 9x + 44y - 33 &= 12xy + 32y && |-12xy - 32y + 33 \end{aligned}$$ 2

$$\begin{aligned} &\text{I} & -30x - 15y &= 0 && |\cdot 0{,}8 \\ &\text{II} & -9x + 12y &= 33 \end{aligned}$$ 1

$$\begin{aligned} &\text{I} & -24x - 12y &= 0 \\ &\text{II} & -9x + 12y &= 33 \end{aligned}$$ 1

$$\begin{aligned} &\text{I} + \text{II} & -33x &= 33 && |:(-33) \\ & & x &= -1 \end{aligned}$$

in I: $30 - 15y = 0 \Rightarrow y = 2 \Rightarrow \mathbb{L} = \{(-1\,|\,2)\}$ 1

5. a) 5 Minuten,

x: Preis Äpfel y: Preis Aprikosen

$\text{I} \quad 3x + 4y = 12 \quad | \cdot 4$

$\text{II} \quad 4x + 3y = 11{,}1 \quad | \cdot (-3)$ 2

$\text{I} \quad 12x + 16y = 48$

$\text{II} \quad -12x - 9y = -33{,}3$ 1

$\text{I} + \text{II} \quad 7y = 14{,}7 \quad | :7$

$y = 2{,}1$ 1

in I: $3x + 8{,}4 = 12 \quad | -8{,}4$

$3x = 3{,}6 \quad \Rightarrow \quad x = 1{,}2$ 1

Ein Pfund Äpfel kostet 1,20 €, ein Pfund Aprikosen 2,10 €.

b) 6 Minuten,

1\. Seite: a 2. Seite: b

$\text{I} \quad 2a + 2b = 15 \quad | :2$

$\text{II} \quad 2 \cdot 1{,}4a + 2 \cdot 0{,}7b = 15{,}4$ 2

$\text{I} \quad a + b = 7{,}5 \quad | \cdot (-1{,}4)$

$\text{II} \quad 2{,}8a + 1{,}4b = 15{,}4$ 1

$\text{I} \quad -1{,}4a - 1{,}4b = -10{,}5$

$\text{II} \quad 2{,}8a + 1{,}4b = 15{,}4$ 1

$\text{I} + \text{II} \quad 1{,}4a = 4{,}9 \quad | :1{,}4$

$a = 3{,}5$ 1

in I: $3{,}5 + b = 7{,}5 \quad \Rightarrow \quad b = 4$

Die Seiten des Rechtecks sind $a = 3{,}5$ cm und $b = 4$ cm.

$A = a \cdot b = 3{,}5 \cdot 4\ \text{cm}^2 = 14\ \text{cm}^2$ 1

Der Flächeninhalt des Rechtecks beträgt 14 cm^2.

Klassenarbeit 10

BE

1. a) Der Graph einer Gleichung $ax+by=c$ ist eine Gerade.
(1) Unter welcher Bedingung stellt diese Gleichung keine Funktion dar?
(2) Was stellt die Gleichung $x=-1$ dar? 2

b) Berechne für die Gerade $3x-4y=6$ die Schnittpunkte mit den Koordinatenachsen, bringe die Gleichung auf die Form $y=mx+t$ und zeichne den Graphen in ein Koordinatensystem. 5

c) Löse das folgende Gleichungssystem zeichnerisch im Koordinatensystem von Teilaufgabe b:
I $3x-4y=6$
II $8y+3x=24$ 3

2. Christine hat im August mit ihrem Handy 24 Minuten telefoniert und bekommt eine Rechnung über 22 €. Im September hat sie nur 18 Minuten telefoniert und muss dafür 19 € bezahlen.
Gib die Gleichung der linearen Funktion an, die der Gesprächszeit x (in Minuten) den Rechnungsbetrag y (in €) zuordnet und erläutere die Bedeutung von Steigung m und y-Abschnitt t dieser Gleichung. 6

3. a) Bestimme die Lösungsmenge $\mathbb{L}$, die diejenigen Elemente enthält, die beide folgenden Ungleichungen gleichzeitig erfüllen:
I $3(x-2)+9<4+2x$
II $|x-2|\leq 4$ 4

b) Gib die in der folgenden Zeichnung graue Menge M durch eine Doppelungleichung an, wobei die beiden Geraden g_1 und g_2 zur Menge M gehören. 5

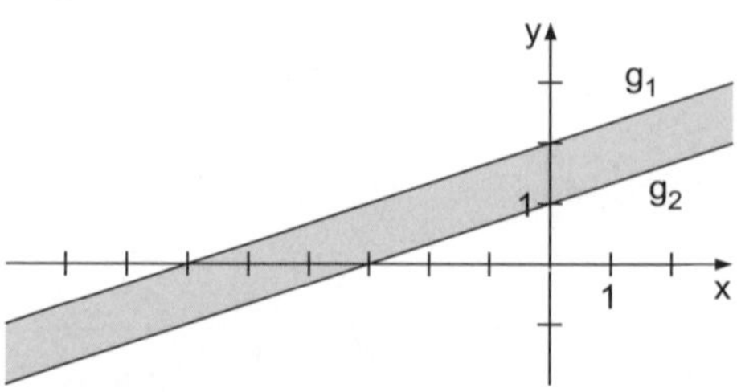

4. Gegeben ist das folgende Gleichungssystem:

I $\quad b \cdot x - 3y = 5$

II $\quad 6x - 9y = 13$

a) Durch welche Zahl muss man b ersetzen, damit das Gleichungssystem die leere Menge als Lösungsmenge besitzt? 2

b) Ermittle dann die Lösungsmenge des Gleichungssystems für $b = 4$. 4

5. a) In einem rechtwinkligen Dreieck ist die Kathete a doppelt so lang wie die Kathete b. Verlängert man jede Kathete jeweils um 1 cm, dann wächst der Flächeninhalt des Dreiecks um 6,5 cm^2.
Berechne mithilfe eines Gleichungssystems die Längen der Katheten a und b. 5

b) Eine Zahl ist um 8 größer als eine zweite Zahl und um 10 kleiner als deren Dreifaches.
Ermittle mithilfe eines Gleichungssystems, um welche Zahlen es sich hier handelt. 4

Hinweise und Tipps

1. a) Erkenne die Sonderfälle $b = 0$ bzw. Parallele zur y-Achse.

b) Setze in der Geradengleichung $x = 0$ bzw. $y = 0$. Zeichne $y = mx + t$ mithilfe von m und t bzw. aus den beiden Achsenschnittpunkten.

c) Zeichne die 2. Gerade in das Koordinatensystem von b und lies den Schnittpunkt als Lösung ab.

2. Bestimme Steigung m und y-Abschnitt t aus den beiden Gleichungen $22 = 24m + t$ und $19 = 18m + t$ und erkenne die Bedeutung von t und m.

3. a) Löse die beiden Ungleichungen mit den bekannten Methoden und bestimme den gemeinsamen Abschnitt beider Lösungsmengen.

b) Stelle die Gleichungen von g_1 und g_2 auf. Lies $m = \frac{1}{3}$ für g_1 und für g_2 aus der Zeichnung ab. M enthält alle $(y \mid x)$ mit $y \geq g_1$ und $y \leq g_2$.

4. a) Die Lösungsmenge $\mathbb{L} = \{\,\}$ ergibt sich, wenn bei gleichen Koeffizienten bei x bzw. y die Werte auf der rechten Seite unterschiedlich sind.

b) Wende das Additionsverfahren an.

5. a) Finde das Gleichungssystem

$$\begin{array}{ll} \text{I} & a = 2b \\ \text{II} & \frac{1}{2}(a+1)\cdot(b+1) = \frac{1}{2}ab + 6{,}5 \end{array}$$

und löse es.

b) Stelle das Gleichungssystem über eine Addition und eine Differenz auf.

Vertiefende Hinweise zum Lösen der Aufgaben findest du in
Training Mathematik, 8. Klasse (Buch-Nr.: 900121)

- Kapitel „Lineare Funktionen“
  1 Beispiele linearer Funktionen
  2 Bestimmung von Nullstellen
  3 Zwei Geraden schneiden sich
  4 Intervalle
  5 Lineare Ungleichungen
- Kapitel „Lineare Gleichungssysteme“
  1 Eine Gleichung mit zwei Unbekannten
  2 Grafische Lösung linearer Gleichungssysteme
  3 Rechnerische Lösung linearer Gleichungssysteme
  4 Anwendungsaufgaben

Lösung

BE

1. a) 2 Minuten,

(1) Für $b=0$ liegt keine Funktion vor, weil dann für $ax=c \Rightarrow x=\frac{c}{a}$ zu jedem x-Wert beliebig viele y-Werte gehören. 1

(2) $x=-1$ stellt eine Parallele zur y-Achse durch den Punkt $(-1\,|\,0)$ dar. 1

b) 5 Minuten,

x-Achse ($y=0$): $3x=6 \Rightarrow x=2 \Rightarrow N_1(2\,|\,0)$ 1

y-Achse ($x=0$): $-4y=6 \Rightarrow y=-\frac{3}{2} \Rightarrow N_2(0\,|\,-1{,}5)$ 1

$$3x-4y=6 \qquad |+4y-6$$
$$4y=3x-6 \qquad |:4$$
$$y=\frac{3}{4}x-1{,}5$$ 1

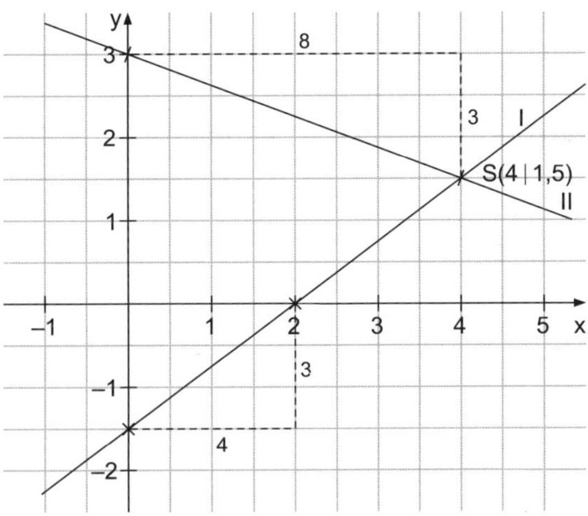

2

c) 3 Minuten,

Gerade I: $y = \frac{3}{4}x - 1{,}5$ (siehe Teilaufgabe b)

Gerade II:
$$8y + 3x = 24 \quad | -3x$$
$$8y = -3x + 24 \quad | :8$$
$$y = -\frac{3}{8}x + 3$$ 2

Graph in Teilaufgabe 1 b $\Rightarrow$ Schnittpunkt $S(4 \mid 1{,}5)$ 1

2. 6 Minuten,

x: Gesprächsminuten y: Rechnungsbetrag

$y = mx + t$

$$\begin{array}{ll} \text{I} & 22 = 24m + t \\ \text{II} & 19 = 18m + t \\ \hline \text{I} - \text{II} & 3 = 6m \quad \Rightarrow \quad m = \frac{1}{2} \end{array}$$ 2

in I: $22 = 12 + t \quad \Rightarrow \quad t = 10 \quad \Rightarrow \quad y = \frac{1}{2}x + 10$ 2

Achsenabschnitt $t = 10$: Grundgebühr 10 € 1

Steigung $m = \frac{1}{2}$: Preis pro Gesprächsminute 50 Cent 1

3. a) 5 Minuten, /

I
$$3(x-2) + 9 < 4 + 2x$$
$$3x - 6 + 9 < 4 + 2x \quad | -2x - 3$$
$$x < 1$$ 2

$\Rightarrow \mathbb{L}_1 = \,]-\infty; 1[$

II
$$|x - 2| \leq 4$$
$$-4 \leq x - 2 \leq 4 \quad | +2$$
$$-2 \leq x \leq 6$$ 1

$\Rightarrow \mathbb{L}_2 = [-2; 6]$

Gemeinsame Lösungsmenge $\mathbb{L} = [-2; 1[$ 1

b) 5 Minuten, /

$g_1\colon\ y = \frac{1}{3}x + 2$ 1

$g_2\colon\ y = \frac{1}{3}x + 1$ 1

$M = \left\{ (x \mid y) \,\middle|\, \frac{1}{3}x + 1 \le y \le \frac{1}{3}x + 2 \right\}$ 3

4. a) 3 Minuten,

$$\begin{array}{ll} \text{I} & b \cdot x - 3y = 5 \quad |\cdot 3 \\ \text{II} & 6x - 9y = 13 \\ \hline \text{I} & 3bx - 9y = 15 \\ \text{II} & 6x - 9y = 13 \\ \hline \end{array}$$

Die leere Menge ist genau dann die Lösungsmenge, wenn $3b = 6$, d. h. $b = 2$ gilt. 2

b) 4 Minuten,

$$\begin{array}{ll} \text{I} & 4x - 3y = 5 \quad |\cdot(-3) \\ \text{II} & 6x - 9y = 13 \\ \hline \text{I} & -12x + 9y = -15 \\ \text{II} & 6x - 9y = 13 \\ \hline \end{array}$$ 1

$$\begin{array}{ll} \text{I} + \text{II} & -6x = -2 \quad |:(-6) \\ & x = \frac{1}{3} \end{array}$$ 1

in I: $\frac{4}{3} - 3y = 5 \;\Rightarrow\; 3y = -\frac{11}{3} \;\Rightarrow\; y = -\frac{11}{9}$ 2

$\Rightarrow\; \mathbb{L} = \left\{ \left(\frac{1}{3} \,\middle|\, -\frac{11}{9} \right) \right\}$

5. a) 7 Minuten, /

1. Kathete: a 2. Kathete: b

$$\begin{array}{lll} \text{I} & a = 2b & \\ \text{II} & \frac{1}{2}(a+1)(b+1) = \frac{1}{2}ab + 6{,}5 & |\cdot 2 \end{array}$$ 2

$$\begin{array}{lll} \text{I} & a = 2b & \\ \text{II} & ab + a + b + 1 = ab + 13 & |-ab-1 \end{array}$$ 1

$$\begin{array}{lll} \text{I in II:} & 2b + b = 12 & \end{array}$$ 1

$$\begin{array}{ll} 3b = 12 & |:3 \\ b = 4 & \Rightarrow \quad a = 8 \end{array}$$ 1

Die 1. Kathete hat die Länge 8 cm, die 2. Kathete 4 cm.

b) 5 Minuten,

1. Zahl: x 2. Zahl: y

$$\begin{array}{ll} \text{I} & x = y + 8 \\ \text{II} & x = 3y - 10 \end{array}$$ 2

$$\begin{array}{lll} \text{I = II:} & y + 8 = 3y - 10 & |-y+10 \end{array}$$

$$\begin{array}{ll} 18 = 2y & |:2 \end{array}$$ 1

$$\begin{array}{ll} y = 9 & \Rightarrow \quad x = 17 \end{array}$$ 1

Die erste Zahl heißt 17, die zweite 9.

Klassenarbeiten zum Themenbereich 3

- Laplace-Experimente
- Laplace-Wahrscheinlichkeiten

Klassenarbeit 11

BE

1. Drei Kinder betreten nacheinander das Klassenzimmer.

a) Gib die Menge aller Ergebnisse an, wenn nach dem Geschlecht der Kinder (m oder w) gefragt wird und die Reihenfolge, in der die Kinder eintreffen,
(1) berücksichtigt wird (Ergebnismenge Ω_1),
(2) nicht berücksichtigt wird (Ergebnismenge Ω_2). 6

b) Gib die folgenden Ereignisse durch Ergebnisse aus Ω_1 an:
E: „Mindestens zwei Mädchen",
F: „Genau ein Mädchen",
G: „Kein Mädchen". 3

2. a) Wie viele achtstellige Zahlen kann man aus den Ziffern 3, 4, 5 bilden? 3

b) An der Garderobe eines Theaters sind noch zehn Haken frei. Drei Personen hängen ihre Mäntel jeweils an einen anderen Haken.
Auf wie viele verschiedene Arten können sie das tun? 3

3. Lehrer Heinlein fordert die Schüler Andreas, Lorenz, Peter und Jens auf, sich jeweils eine der Zahlen 1 bis 4 zu merken. Es stellt sich heraus, dass alle vier Zahlen gemerkt wurden.
Mit welcher Wahrscheinlichkeit tritt dieses Ereignis ein? 6

4. Bestimme den Wert für a so, dass sich eine Wahrscheinlichkeitsverteilung ergibt: 4

i	0	1	2	3	4	5	sonst
p_i	a	2a	5a − 0,15	a + 0,15	0,06	0,4a	0

5. Robert zeigt in der heutigen Mathematikstunde folgendes Spiel: Er hat drei Kugeln, eine rote, eine blaue und eine weiße, sowie drei Kästchen mit den Nummern 1, 2 und 3. Diese Kugeln kann er beliebig auf die drei Kästchen verteilen, wobei in jedem Kästchen bis zu drei Kugeln sein dürfen. „Die Ergebnisse gebe ich euch verschlüsselt an: Z. B. bedeutet 123 rote Kugel in Kästchen 1, blaue Kugel in Kästchen 2 und weiße Kugel in Kästchen 3 oder 333 bedeutet, dass alle drei Kugeln im Kästchen 3 sind. Die Angabe erfolgt immer in der Reihenfolge rot, blau, weiß, wobei jeweils die Nummer des Kästchen angegeben wird, in das sie gelegt wird."

a) „Jetzt könnt ihr mir sicher alle Möglichkeiten verschlüsselt angeben!"
Kannst du das auch? 5

b) „Als Nächstes sollt ihr mir einige Ereignisse benennen und deren Wahrscheinlichkeit berechnen", fordert Robert.
Gehe davon aus, dass jedes Ergebnis mit der gleichen Wahrscheinlichkeit auftritt.
E_1: „Nur das Kästchen 1 ist leer."
E_2: „Zwei Kästchen sind leer."
E_3: „Kein Kästchen ist leer."
E_4: „Im Kästchen 3 sind zwei Kugeln."
E_5: „Das Kästchen 1 ist leer." 10

Hinweise und Tipps

1. a) Beachte für Ω_1 die Reihenfolge. Die Elemente mwm und mmw sind verschieden! Gilt das auch für Ω_2?

b) Achte genau auf die Worte „mindestens“, „genau“ und „kein“.

2. a) Überlege, wie viele Ziffern für jede der acht Stellen zur Verfügung stehen.

b) Zähle ab, wie viele Möglichkeiten die erste, die zweite und die dritte Person jeweils haben, und multipliziere diese Anzahlen.

3. Überlege zuerst, wie viele Möglichkeiten des Zahlenmerkens es insgesamt gibt. Zähle dann die Anzahl, die bleiben, wenn sich jeder eine andere Zahl merkt.

4. Beachte, dass die Summe aller Wahrscheinlichkeiten den Wert 1 besitzen muss.

5. a) Schreibe alle Möglichkeiten derart auf, dass in einem Kästchen drei Kugeln, in einem Kästchen zwei Kugeln und in jedem Kästchen eine Kugel liegen.

b) Suche die zu den jeweiligen Ereignissen gehörenden Ergebnisse und berechne die zugehörige Laplace-Wahrscheinlichkeit.

Vertiefende Hinweise zum Lösen der Aufgaben findest du in
Training Mathematik, 8. Klasse (Buch-Nr.: 900121)

- Kapitel „Wahrscheinlichkeitsrechnung nach Laplace“
  1 Ergebnis und Ereignis eines Zufallsexperiments
  2 Relative Häufigkeit und Wahrscheinlichkeit
  3 Laplace-Experiment
  4 Das Zählprinzip

Lösung

BE

1. a) 7 Minuten,

(1) Ω_1 besteht aus Elementen, die dreimal m bzw. w enthalten. In den Elementen spielt die Reihenfolge von m und w eine Rolle, d. h.:

$\Omega_1 = \{www, wwm, wmw, mww, wmm, mwm, mmw, mmm\}$ 4

Ω_1 enthält acht Elemente.

(2) In Ω_2 spielt die Reihenfolge keine Rolle. Es lässt sich kurz als

$\Omega_2 = \{3 \times w, 2 \times w, 1 \times w, 0 \times w\} = \{www, wwm, wmm, mmm\}$ 2

schreiben.

Ω_2 enthält vier Elemente.

b) 4 Minuten,

Die Ereignisse sind Teilmengen von Ω_1.

$E = \{www, wwm, wmw, mww\}$ 1

$F = \{wmm, mwm, mmw\}$ 1

$G = \{mmm\}$ 1

2. a) 3 Minuten,

An jeder der acht Stellen sind die drei Ziffern 3, 4, 5 möglich, d. h. es gibt $3^8 = 6\,561$ verschiedene Möglichkeiten. 3

b) 3 Minuten,

Die erste Person hat 10 Haken zur Auswahl, die zweite noch 9 und die dritte 8, d. h. es gibt $10 \cdot 9 \cdot 8 = 720$ verschiedene Möglichkeiten. 3

3. 6 Minuten,

Jeder der vier Schüler hat vier Möglichkeiten, sich eine Zahl zu merken, d. h. es gibt insgesamt $|\Omega| = 4^4$ Möglichkeiten. 2

Für das Ereignis E gilt für eine beliebige Reihenfolge: Der erste Schüler hat 4, der zweite 3, der dritte 2 und der vierte noch 1 Möglichkeit, d. h. es gilt: $|E| = 4 \cdot 3 \cdot 2 \cdot 1$ 2

Damit erhält man die gesuchte Wahrscheinlichkeit zu

$$P(E) = \frac{|E|}{|\Omega|} = \frac{4 \cdot 3 \cdot 2 \cdot 1}{4^4} = \frac{3}{32} = 0{,}09375$$ 2

4. 4 Minuten,

Es muss gelten:

$$a + 2a + 5a - 0{,}15 + a + 0{,}15 + 0{,}06 + 0{,}4a = 1 \quad |-0{,}06$$ 2

$$9{,}4a = 0{,}94 \quad |:9{,}4$$ 1

$$a = 0{,}1$$ 1

Für a = 0,1 liegt eine Wahrscheinlichkeitsverteilung vor.

5. a) 8 Minuten,

Es können in einem Kästchen drei, zwei oder jeweils eine Kugel sein.
Damit ergibt sich:

$\Omega = \{$111, 222, 333	3 Mögl.	←	3 Kugeln in einem Kästchen	1
112, 211, 121				
113, 311, 131				
221, 212, 122	18 Mögl.	←	2 Kugeln in einem Kästchen	2
223, 232, 322				
331, 313, 133				
332, 323, 233				
123, 132, 213	6 Mögl.	←	in jedem Kästchen eine Kugel	2
231, 312, 321$\}$				

b) 10 Minuten, /

$E_1 = \{223, 232, 322, 332, 323, 233\}$ 1

$$\Rightarrow \ P(E_1) = \frac{6}{27} = \frac{2}{9} = 0{,}2222$$ 1

$E_2 = \{111, 222, 333\}$ 1

$$\Rightarrow \ P(E_2) = \frac{3}{27} = \frac{1}{9} = 0{,}1111$$ 1

$E_3 = \{123, 132, 213, 231, 312, 321\}$ 1

$$\Rightarrow \ P(E_3) = \frac{6}{27} = \frac{2}{9} = 0{,}2222$$ 1

$E_4 = \{332, 323, 233, 331, 313, 133\}$ 1

$$\Rightarrow \ P(E_4) = \frac{6}{27} = \frac{2}{9} = 0{,}2222$$ 1

$E_5 = E_1 \cup \{222, 333\}$ 1

$$\Rightarrow \ P(E_5) = \frac{8}{27} = 0{,}2963$$ 1

Klassenarbeit 12

BE

1. Amelie und Beate spielen Tennis und vereinbaren folgende Gewinnregel: Gewonnen hat bei maximal vier Sätzen, wer zwei Sätze hintereinander gewinnt.

a) Gib die Ergebnismenge Ω an und beschreibe, was nach vier Sätzen auftreten kann. Verwende:
A für „Amelie gewinnt“ und B für „Beate gewinnt“ 4

b) Gib die folgenden Ergebnisse als Teilmengen von Ω an:
E: „Amelie gewinnt in drei Sätzen“,
F: „Beate gewinnt“ 3

2. a) Jonas hat alle acht Münzen der Währung Euro in seiner Hand. Auf wie viele unterschiedliche Arten kann er sie in seine beiden Hosentaschen stecken? 3

b) Rike stellt fünf unterschiedliche Mathematikbücher und drei verschiedene Physikbücher nebeneinander in ein Bücherregal. Auf wie viele verschiedene Arten können die Bücher angeordnet werden, wenn
(1) keinerlei Einschränkungen gelten,
(2) die Bücher des gleichen Fachs nebeneinander stehen sollen? 6

3. Von den drei Klassenkameraden Frank, Hannah und Romina haben genau zwei im gleichen Monat Geburtstag, wobei alle möglichen Ergebnisse gleichwahrscheinlich sind.
Gib zuerst die Ergebnismenge Ω an und bestimme dann die Wahrscheinlichkeit dafür, dass
(1) diese Personen Frank und Hannah sind,
(2) Frank eine der beiden Personen ist,
(3) Hannah keine der beiden Personen ist,
(4) Frank oder Hannah eine der beiden Personen ist. 8

4. Ein Würfel ist so verändert worden, dass die Wahrscheinlichkeit für das Auftreten einer Augenzahl direkt proportional zu dieser ist.

a) Zeige, dass folgende Verteilung der Wahrscheinlichkeiten gilt: 2

i	1	2	3	4	5	6
p_i	$\frac{1}{21}$	$\frac{2}{21}$	$\frac{3}{21}$	$\frac{4}{21}$	$\frac{5}{21}$	$\frac{6}{21}$

b) Bestimme die Wahrscheinlichkeiten der Ereignisse
A: „Augenzahl ist gerade",
B: „Augenzahl ist Primzahl",
C: „Augenzahl durch 3 teilbar". 5

5. Gegeben ist das Wort CASABLANCA.

a) Es wird zufällig ein Buchstabe des Wortes ausgewählt. Mit welcher Wahrscheinlichkeit wird ein
(1) A,
(2) C,
(3) Konsonant gewählt? 3

b) Es wird zufällig ein Buchstabe des Wortes gewählt und wegradiert, dann wird ein zweiter Buchstabe gewählt und ebenfalls wegradiert.
(1) Auf wie viele verschiedene Arten ist dieses Ausradieren möglich?
(2) Mit welcher Wahrscheinlichkeit wurde BS wegradiert? 6

Hinweise und Tipps

1. a) Ω enthält nicht nur „gleich aussehende“ Elemente. Neben AA ist z. B. auch ABAA enthalten.

b) Bestimme alle Elemente, die die Folge BB enthalten.

2. a) Überlege, wie viele Taschen für jede Münze zur Verfügung stehen.

b) Unterscheide die Anordnung der acht Bücher in einer beliebigen Reihenfolge und die Anordnung der beiden Gruppen von Büchern.

3. Bestimme $\Omega = \{FH, FR, HR\}$ und gib die gesuchte Laplace-Wahrscheinlichkeit an.

4. a) Weise nach, dass die Summe aller Wahrscheinlichkeiten den Wert 1 besitzt.

b) Suche dir alle Ergebnisse, die das Ereignis A, B bzw. C bilden. Addiere die zugehörigen Wahrscheinlichkeiten.

5. a) Zähle die Buchstaben des Wortes CASABLANCA und gib die Ereignisse als Laplace-Wahrscheinlichkeiten an.

b) Erkenne, dass es $10 \cdot 9 = 90$ Möglichkeiten des Radierens gibt, von denen BS eine ist.

Vertiefende Hinweise zum Lösen der Aufgaben findest du in
Training Mathematik, 8. Klasse (Buch-Nr.: 900121)

- Kapitel „Wahrscheinlichkeitsrechnung nach Laplace“
  1 Ergebnis und Ereignis eines Zufallsexperiments
  2 Relative Häufigkeit und Wahrscheinlichkeit
  3 Laplace-Experiment
  4 Das Zählprinzip

Lösung

BE

1. a) 4 Minuten,
Ω beinhaltet nur die Elemente, bei denen eines der beiden Mädchen gewinnt: $\Omega = \{AA, BB, ABB, BAA, ABAA, BABB\}$ 3
Das Tennismatch kann nach vier Sätzen bei den Folgen ABAB bzw. BABA noch nicht entschieden sein. 1

b) 3 Minuten,
E und F sind Teilmengen von Ω.
$E = \{BAA\}$ 1
$F = \{BB, ABB, BABB\}$ 2

2. a) 3 Minuten,
Für jede der acht Münzen hat Jonas zwei Taschen zur Verfügung, d. h. es gibt $2^8 = 256$ verschiedene Möglichkeiten. 3

b) 6 Minuten, /
(1) Die Bücher können beliebig angeordnet werden, d. h. für das erste Buch gibt es 8, für das zweite Buch 7, …, für das achte Buch 1 Möglichkeit, d. h. es gibt insgesamt $8 \cdot 7 \cdot 6 \cdot 5 \cdot 4 \cdot 3 \cdot 2 \cdot 1 = 8! = 40\,320$ verschiedene Möglichkeiten. 3
(2) Die Mathematikbücher können auf $5 \cdot 4 \cdot 3 \cdot 2 \cdot 1$, die Physikbücher auf $3 \cdot 2 \cdot 1$ Arten angeordnet werden. Es können erst die Mathematikbücher im Regal stehen und anschließend die Physikbücher u. u., daher gibt es insgesamt $2 \cdot 5! \cdot 3! = 1\,440$ verschiedene Möglichkeiten. 3

3. 8 Minuten,
Mit F = Frank, H = Hannah und R = Romina gilt: $\Omega = \{FH, FR, HR\}$, da die Reihenfolge keine Rolle spielt. 2

(1) $E_1 = \{FH\} \quad \Rightarrow \quad P(E_1) = \frac{1}{3}$ 1

(2) $E_2 = \{FH, FR\} \quad \Rightarrow \quad P(E_2) = \frac{2}{3}$ 1

(3) $E_3 = \{FR\} \quad \Rightarrow \quad P(E_3) = \frac{1}{3}$ 2

(4) $E_4 = \Omega \quad \Rightarrow \quad P(E_4) = 1$ 2

4. a) 4 Minuten,
Die direkte Proportionalität ist ersichtlich, weil gilt:

$1 \mapsto 1 \cdot \frac{1}{21} \qquad 2 \mapsto 2 \cdot \frac{1}{21} \qquad 3 \mapsto 3 \cdot \frac{1}{21}$ usw. 1

Allgemein: $x \mapsto x \cdot \frac{1}{21}$

Wegen $\frac{1}{21} + \frac{2}{21} + \frac{3}{21} + \frac{4}{21} + \frac{5}{21} + \frac{6}{21} = \frac{21}{21} = 1$ liegt eine Wahrscheinlichkeitsverteilung vor. 1

b) 6 Minuten,

$P(A) = \frac{2+4+6}{21} = \frac{12}{21} = \frac{4}{7} \approx 57{,}14\ \%$ 2

$P(B) = \frac{2+3+5}{21} = \frac{10}{21} \approx 47{,}62\ \%$ 2

$P(C) = \frac{3+6}{21} = \frac{9}{21} = \frac{3}{7} \approx 42{,}86\ \%$ 1

5. a) 4 Minuten,
Das Wort CASABLANCA besitzt 10 Buchstaben.

(1) $P(E_1) = \frac{4}{10} = 0{,}4$, da es vier Buchstaben A gibt. 1

(2) $P(E_2) = \frac{2}{10} = 0{,}2$, da es zwei Buchstaben C gibt. 1

(3) $P(E_3) = \frac{6}{10} = 0{,}6$, da es sechs Konsonanten gibt. 1

b) 7 Minuten, /

(1) Für den ersten Buchstaben hat man 10, für den zweiten noch 9 Möglichkeiten, d. h. es gibt $|\Omega| = 10 \cdot 9 = 90$ Möglichkeiten des Wegradierens von zwei Buchstaben. 4

(2) Die Kombination BS ist eine dieser 90 Möglichkeiten, d. h. für die Wahrscheinlichkeit dieses Ereignisses E gilt:

$P(E) = \frac{1}{90} \approx 0{,}0111$ 2

Klassenarbeit 13

BE

1. In einem Lostopf befinden sich noch drei Lose, wobei Gewinnlose (G) und Nieten (N) auftreten können. Drei Lose werden nacheinander aus dem Topf gezogen.

a) Wie viele unterschiedliche Ergebnisse enthält die Ergebnismenge Ω? 3

b) Gib die folgenden Ereignisse durch Ergebnisse aus der Ergebnismenge Ω an:
A: „Jedes Los ist ein Gewinnlos",
B: „Höchstens ein Los ist ein Gewinnlos",
C: „Das erste Los ist ein Gewinnlos",
D: „Ein Los ist ein Gewinnlos". 4

2. a) Vier Frauen und drei Männer setzen sich auf eine Stuhlreihe mit sieben Stühlen. Wie viele Möglichkeiten gibt es für eine „bunte" Reihe, d. h. abwechselnd Männer und Frauen? 3

b) Vier Einzelreisende kommen in einem Hotel an, das noch acht Einzelzimmer frei hat. Auf wie viele verschiedene Arten kann die Zimmerverteilung erfolgen? 3

3. Felix gibt in eine Urne 100 Kugeln, die er von 1 bis 100 beschriftet hat. Er mischt sie geschickt mit den Fingern durch und fordert seine Freunde auf: „Ich ziehe jetzt eine Kugel. Könnt ihr mir die Wahrscheinlichkeit dafür verraten, dass die Zahl auf der Kugel

a) (1) gerade ist,
(2) einstellig ist,
(3) dreistellig ist, 3

b) (1) durch 3 teilbar ist,
(2) die Quersumme 5 hat,
(3) eine Quadratzahl ist?" 6

Gib Felix die richtigen Antworten.

4. „Heute wird gespielt“, verkündet Lehrerin Stahnke und verteilt an jede Schülergruppe zwei Würfel, einen roten und einen weißen, d. h. zwei unterscheidbare ideale Würfel.

a) „Jetzt werden die beiden Würfel geworfen und das Ergebnis in Form eines Paares aus roter und weißer Augenzahl aufgeschrieben. Dabei soll die rote Augenzahl immer vorne stehen“, weist die Lehrerin ihre Schüler an. „Ihr sollt aber jetzt nicht beliebig oft würfeln, sondern euch überlegen, welche Ergebnisse auftreten können.“
Schreibe auf, wie viele Ergebnisse die Ergebnismenge Ω besitzt. 2

b) „Wie ihr wisst, treten bei einer Frage nach einer bestimmten Eigenschaft nicht immer alle Ergebnisse auf. Wir nennen eine solche Teilmenge des Ergebnisraumes ein Ereignis. Ich gebe euch jetzt jeweils ein Ereignis an und ihr schreibt dieses als Teilmenge von Ω auf und gebt auch die Wahrscheinlichkeit für dieses Ereignis an“, fordert die Lehrerin.
Löse folgende Aufgaben:
E_1: „Beide Würfel zeigen gleiche Augenzahl.“
E_2: „Die Augensumme beträgt 6.“
E_3: „Die Augensumme ist durch 6 teilbar.“
E_4: „Das Produkt der Augenzahlen beträgt 12.“
E_5: „Die Augensumme ist kleiner als 13.“ 10

c) „Jetzt wird es schwierig. Gib mir die folgenden Ereignisse in Worten an“, fordert sie Julia auf.
Hilf Julia.
$E_6 = \{11, 13, 15, 31, 33, 35, 51, 53, 55\}$
$E_7 = \{13, 31, 24, 42, 35, 53, 46, 64\}$ 6

Hinweise und Tipps

1. a) Jedes Los kann entweder ein Gewinn oder eine Niete sein. Beachte die Reihenfolge!

b) Achte genau auf die Formulierungen. Zum Beispiel „höchstens“ bedeutet unter anderem auch, dass ebenfalls lauter Nieten gezogen werden können.

2. a) Erkenne, dass es nur die eine Anordnung FMFMFMF gibt, und bestimme die Anzahl als Produkt der Anordnungsmöglichkeiten der Frauen mit denen der Männer.

b) Überlege, wie viele Möglichkeiten es für den ersten, den zweiten, den dritten und den vierten Einzelreisenden gibt, und bilde das Produkt dieser Zahlen.

3. a) Zähle jeweils die zu dem Ereignis gehörenden Ergebnisse und berechne die zugehörigen Laplace-Wahrscheinlichkeiten.

b) siehe Teilaufgabe a

4. a) Jeder Würfel besitzt sechs Zahlen und damit sechs Ergebnisse. Was folgt daraus für 2 Würfel?

b) Bestimme die Anzahl der Ergebnisse, die zu dem jeweiligen Ereignis gehören und bestimme die Laplace-Wahrscheinlichkeiten.

c) Besondere Eigenschaften können sein: gerade, ungerade, Primzahl, Quadratzahl, gleiche Summe von Augenzahlen, gleiche Differenz von Augenzahlen usw. Was trifft hier zu?

Vertiefende Hinweise zum Lösen der Aufgaben findest du in
Training Mathematik, 8. Klasse (Buch-Nr.: 900121)

- Kapitel „Wahrscheinlichkeitsrechnung nach Laplace“
  1 Ergebnis und Ereignis eines Zufallsexperiments
  2 Relative Häufigkeit und Wahrscheinlichkeit
  3 Laplace-Experiment
  4 Das Zählprinzip

Lösung

BE

1. a) 3 Minuten,
Die Ergebnismenge enthält Elemente aus G und N.
$\Omega = \{GGG, GGN, GNG, NGG, GNN, NGN, NNG, NNN\}$ 3
Es gibt acht unterschiedliche Ergebnisse.

b) 5 Minuten,
Die Ereignisse A, B, C, D sind Teilmengen von Ω.
$A = \{GGG\}$ 1
$B = \{GNN, NGN, NNG, NNN\}$ 1
$C = \{GGG, GGN, GNG, GNN\}$ 1
$D = \{GNN, NGN, NNG\}$ 1

2. a) 4 Minuten,
Es ist nur die eine Anordnung FMFMFMF möglich, da es mehr Frauen als Männer gibt. Für die Frauen gibt es $4! = 4 \cdot 3 \cdot 2 \cdot 1$, für die Männer $3! = 3 \cdot 2 \cdot 1$ Möglichkeiten der Anordnung.
Insgesamt gibt es $4! \cdot 3! = 144$ verschiedene Möglichkeiten. 3

b) 3 Minuten,
Für den ersten Einzelreisenden gibt es 8 Möglichkeiten der Zimmerzuteilung, für den zweiten 7, für den dritten 6 und für den vierten 5 Möglichkeiten.
Insgesamt gibt es $8 \cdot 7 \cdot 6 \cdot 5 = 1\,680$ verschiedene Möglichkeiten. 3

3. a) 3 Minuten,
$P(1) = \frac{50}{100} = 0{,}5$, weil die Hälfte der Zahlen gerade ist. 1

$P(2) = \frac{9}{100} = 0{,}09$, weil es 9 einstellige Zahlen gibt. 1

$P(3) = \frac{1}{100} = 0{,}01$, weil nur die Zahl 100 dreistellig ist. 1

b) 6 Minuten, /

$P(1) = \frac{33}{100} = 0,33$, weil es 33 durch 3 teilbare Zahlen gibt. 2

$P(2) = \frac{5}{100} = 0,05$, weil die fünf Zahlen 5, 14, 41, 23, 32 die Quersumme 5 besitzen. 2

$P(3) = \frac{10}{100} = 0,10$, weil die zehn Zahlen 1, 4, 9, 16, 25, 36, 49, 64, 81, 100 Quadratzahlen sind. 2

4. a) 3 Minuten,

$|\Omega| = 6 \cdot 6 = 36$, weil es für jeden Würfel 6 Ergebnisse gibt.
Der Ergebnisraum Ω besitzt 36 Ergebnisse. 2

b) 10 Minuten, /

$E_1 = \{11, 22, 33, 44, 55, 66\}$

$\Rightarrow \; P(E_1) = \frac{6}{36} = \frac{1}{6} \approx 0,1667$ 2

$E_2 = \{15, 51, 24, 42, 33\}$

$\Rightarrow \; P(E_2) = \frac{5}{36} \approx 0,1389$ 2

$E_3 = \{15, 51, 24, 42, 33, 66\}$

$\Rightarrow \; P(E_3) = \frac{6}{36} = \frac{1}{6} \approx 0,1667$ 2

$E_4 = \{26, 62, 34, 43\}$

$\Rightarrow \; P(E_4) = \frac{4}{36} = \frac{1}{9} \approx 0,1111$ 2

$E_5 = \Omega$

$\Rightarrow \; P(E_5) = 1$ 2

c) 8 Minuten,

E_6: „Es treten nur ungerade Zahlen auf.“
oder
„Es treten keine geraden Zahlen auf.“ 3

E_7: „Der Betrag der Differenz der Augenzahlen beträgt 2.“ 3

Klassenarbeit 14

BE

1. Bei der ersten Frage eines „Multiple-Choice-Test" gibt es vier Antwortmöglichkeiten, nämlich 1, 2, 3 und 4, von denen nur zwei richtig sind. Ein Schüler kreuzt die beiden Antworten an, die er für richtig hält, wobei die Reihenfolge des Ankreuzens keine Rolle spielt.

a) Wie viele unterschiedliche Ergebnisse sind in der Ergebnismenge Ω möglich? 3

b) Gib die folgenden Ereignisse als Teilmengen von Ω an:
A: „Die vierte Antwort ist angekreuzt",
B: „Zwei aufeinanderfolgende Antworten sind angekreuzt",
C: „Die dritte und die vierte Antwort sind nicht gleichzeitig angekreuzt". 4

2. a) Fünf Personen stellen sich auf. Auf wie viele verschiedene Arten können sie dies tun, wenn sie sich
(1) in einer Reihe,
(2) in einem Kreis aufstellen? 5

b) Bei den olympischen Spielen kämpfen acht 400-m-Läufer um die drei Medaillen. Auf wie viele Arten können diese verteilt werden? 3

3. a) In einem vollbesetzten Bus befinden sich 25 Männer, 17 Frauen und 12 Kinder. Vor Antritt der Reise wählt der Reiseveranstalter rein zufällig eine Person aus und überreicht dieser ein Überraschungsgeschenk.
Bestimme die Wahrscheinlichkeit dafür, dass diese Person
(1) ein Kind,
(2) ein Mann oder eine Frau,
(3) weder Frau noch Kind ist. 5

b) Aus den Ziffern 2, 4, 6, 8 werden alle vierstelligen Zahlen gebildet, in denen jede Ziffer beliebig oft auftreten darf.
Mit welcher Wahrscheinlichkeit ist eine beliebig herausgegriffene Zahl kleiner als 5 000? 3

4. Den Wahlunterricht Informatik besuchen acht Schüler, darunter Steffen und Ute. Zum Unterricht erscheinen die Schüler rein zufällig einzeln und nacheinander.
Wie groß ist die Wahrscheinlichkeit, dass Steffen und Ute hintereinander kommen? 7

5. Ein idealer Würfel wird zweimal hintereinander geworfen, d. h. es gibt $6 \cdot 6 = 36$ verschiedene Ergebnisse.

a) Warum führt das Merkmal „Augensumme (AS)" nicht auf eine Laplace-Wahrscheinlichkeitsverteilung? Zeige dies durch Berechnung der Wahrscheinlichkeiten $AS = 7$ und $AS = 8$. 6

b) Bestimme dann die Wahrscheinlichkeiten der Ereignisse
A: „Die Augenzahl des ersten Wurfes ist gerade",
B: „Das Produkt der Augenzahlen ist 12". 4

Hinweise und Tipps

1. a) Bestimme Ω als Menge ungeordneter Paare.

b) Bestimme jeweils alle Elemente aus Ω, die zu A, B bzw. C gehören.

2. a) Überlege, wie viele Möglichkeiten der erste, der zweite, …, der fünfte in der Reihe hat, und multipliziere diese Werte. Erkenne, dass beim Kreis die fünf Anfänge wegfallen.

b) Überlege, wie viele Möglichkeiten es jeweils für die Gold-, Silber- und Bronzemedaille gibt, und multipliziere diese Zahlen.

3. a) Bestimme die Anzahlen, die zu dem jeweiligen Ereignis gehören, und dividiere diese durch die Gesamtzahl 54.

b) Überlege, welche Ziffern an der ersten Stelle stehen können.

4. Erkenne, dass es $|\Omega| = 8 \cdot 7 \cdot 6 \cdot 5 \cdot 4 \cdot 3 \cdot 2 \cdot 1$ mögliche Reihenfolgen gibt. Beachte, dass Ute und Steffen in der Reihenfolge Ute-Steffen und Steffen-Ute an den Plätzen 1/2 bis 7/8 ankommen können. Überlege dann, dass die restlichen sechs Schüler $6 \cdot 5 \cdot 4 \cdot 3 \cdot 2 \cdot 1$ Möglichkeiten der Reihenfolge haben. Bestimme dann die gesuchte Laplace-Wahrscheinlichkeit.

5. a) Erkenne, dass die Augensumme 7 bzw. 8 durch unterschiedlich viele Ergebnisse entstehen, d. h. das Merkmal „Augensumme" führt nicht auf eine Laplace-Verteilung.

b) Bestimme die Ereignisse als Laplace-Wahrscheinlichkeiten durch Abzählen der günstigen Ergebnisse.

Vertiefende Hinweise zum Lösen der Aufgaben findest du in
Training Mathematik, 8. Klasse (Buch-Nr.: 900121)

- Kapitel „Wahrscheinlichkeitsrechnung nach Laplace"
  1 Ergebnis und Ereignis eines Zufallsexperiments
  2 Relative Häufigkeit und Wahrscheinlichkeit
  3 Laplace-Experiment
  4 Das Zählprinzip

Lösung

BE

1. a) 4 Minuten,
Die Ergebnismenge besteht aus ungeordneten Paaren der Zahlen von 1 bis 4.
$\Omega = \{12, 13, 14, 23, 24, 34\}$ 3
Ω enthält sechs Elemente.

b) 5 Minuten,
Die Ereignisse A, B, C sind Teilmengen von Ω.
$A = \{14, 24, 34\}$ 1
$B = \{12, 23, 34\}$ 1
$C = \{12, 13, 14, 23, 24\}$ 2

2. a) 6 Minuten,
(1) Für die erste Person gibt es 5 Möglichkeiten, für die zweite 4, …, für die fünfte 1, d. h. es gibt insgesamt $5 \cdot 4 \cdot 3 \cdot 2 \cdot 1 = 5! = 120$ verschiedene Möglichkeiten. 2
(2) Da die fünf Anfänge wegfallen, gibt es $4 \cdot 3 \cdot 2 \cdot 1 = 4! = \frac{5!}{5} = 24$ Möglichkeiten. 3

b) 4 Minuten,
Für die Goldmedaille stehen 8 Läufer, für die silberne 7 und für die bronzene 6 Läufer zur Verfügung, d. h. es gibt $8 \cdot 7 \cdot 6 = 336$ Möglichkeiten. 3

3. a) 5 Minuten, /
Es befinden sich insgesamt $25 + 17 + 12 = 54$ Personen im Bus.

$$P(1) = \frac{12}{54} = \frac{2}{9} \approx 0{,}2222$$ 1

$$P(2) = \frac{25+17}{54} = \frac{42}{54} = \frac{7}{9} \approx 0{,}7778$$ 2

$$P(3) = \frac{25}{54} \approx 0{,}4630$$ 2

b) 3 Minuten,
Für die erste Stelle kommen die Ziffern 2 und 4 infrage, d. h. 50 % der Ziffern. Damit ist die gesuchte Wahrscheinlichkeit 50 % $= \frac{1}{2}$. 3

4. 8 Minuten,
Für die Reihenfolge der Schüler gilt: Der erste Schüler kann an 8 Plätzen ankommen, der zweite an 7, …, der letzte an 1.
$\Rightarrow$ Für den Ergebnisraum Ω gilt: $|\Omega| = 8 \cdot 7 \cdot 6 \cdot 5 \cdot 4 \cdot 3 \cdot 2 \cdot 1$ 2
Ute und Steffen können in der Reihenfolge Ute-Steffen bzw. Steffen-Ute (= 2 Möglichkeiten) an den Plätzen 1/2, 2/3, 3/4, 4/5, 5/6, 6/7 oder 7/8 (= 7 Möglichkeiten) ankommen.
Für die restlichen 6 Schüler gibt es (wie oben) für den ersten 6 Möglichkeiten, für den zweiten 5, …, für den letzten 1 Möglichkeit, d. h. für das Ereignis E gilt: $|E| = 2 \cdot 7 \cdot 6 \cdot 5 \cdot 4 \cdot 3 \cdot 2 \cdot 1$ 4

$$\Rightarrow \quad P(E) = \frac{|E|}{|\Omega|} = \frac{2 \cdot 7 \cdot 6 \cdot 5 \cdot 4 \cdot 3 \cdot 2 \cdot 1}{8 \cdot 7 \cdot 6 \cdot 5 \cdot 4 \cdot 3 \cdot 2 \cdot 1} = \frac{2}{8} = \frac{1}{4} = 0{,}25$$ 1

5. a) 6 Minuten, /
Das Merkmal „Augensumme" führt nicht auf eine Laplace-Wahrscheinlichkeit, weil die einzelnen Augensummen mit unterschiedlichen Wahrscheinlichkeiten auftreten. 2

Augensumme 7: 61, 16, 25, 52, 34, 43 $\Rightarrow$ $P(AS = 7) = \frac{6}{36}$ 2

Augensumme 8: 62, 26, 53, 35, 44 $\Rightarrow$ $P(AS = 8) = \frac{5}{36}$ 2

b) 4 Minuten, /
$P(A) = \frac{1}{2}$, weil die Hälfte der Augenzahlen auf dem Würfel gerade ist. 2
Produkt 12: 34, 43, 26, 62 $\Rightarrow$ $P(B) = \frac{4}{36} = \frac{1}{9}$ 2

Klassenarbeiten zum Themenbereich 4

- **Elementare gebrochen-rationale Funktionen**
- **Bruchterme und Bruchgleichungen**

Klassenarbeit 15

BE

1. a) Im nebenstehenden Koordinatensystem sind eine Gerade g und eine Hyperbel gezeichnet. Gib die Geradengleichung für g an und wähle die zur Hyperbel gehörende Gleichung $y = f(x)$ aus (1) – (4) aus (Begründung!).

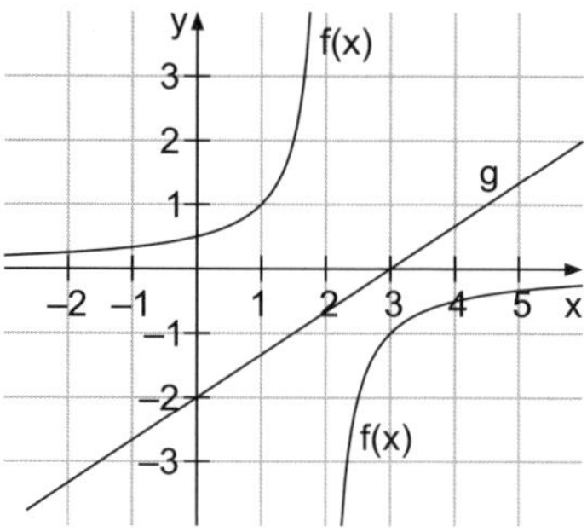

(1) $f(x) = \dfrac{1}{x+2}$

(2) $f(x) = \dfrac{1}{2x-4}$

(3) $f(x) = \dfrac{-1}{x-2}$

(4) $f(x) = \dfrac{0{,}5}{x+2}$ 5

b) Gib eine (möglichst einfache) gebrochen-rationale Funktion so an, dass sie bei $x = 3$ eine senkrechte Asymptote, bei $y = 2$ eine waagrechte Asymptote besitzt und die x-Achse im Punkt $N(4\,|\,0)$ schneidet. Wo schneidet deine Funktion die y-Achse? 5

2. Kürze so weit wie möglich:

a) (1) $\dfrac{-8ab}{2(ab)^2} =$

(2) $\dfrac{8x^2 - 4x}{2x - 4x^2} =$ 5

b) $\dfrac{x^{-2} \cdot x^{-5}}{x^{-3} \cdot x^{-6}} =$ 3

3. Vereinfache so weit wie möglich:

a) $\frac{5a+b}{a-2b}+\frac{4a+3b}{2b-a}=$ 3

b) $\frac{1}{3a-a^2}-\frac{1}{3a+a^2}=$ 5

4. Bestimme jeweils die Lösungsmenge $\mathbb{L}$, wobei die Lösungen zu (1) und (2) ohne Rechnung angegeben werden können:

(1) $\frac{3}{x-3}=\frac{3}{5}$

(2) $\frac{5}{x^2+4}=1$

(3) $\frac{3}{x}=\frac{2}{2-x}$ 6

5. a) Der Zähler eines Bruches ist um 4 kleiner als der Nenner. Addiert man zum Nenner 9 und subtrahiert man vom Zähler 5, so entsteht ein Bruch mit dem Wert $\frac{1}{4}$.
Wie heißt der ursprüngliche Bruch? 4

b) Für zwei positive rationale Zahlen a, b gilt: $a>1$ und $0<b<1$.
Ordne die folgenden Ausdrücke in einer aufsteigenden Ungleichungskette:

$\frac{a}{b}$, $a \cdot b$, $\frac{a^2}{b^2}$ 4

Hinweise und Tipps

1. a) Stelle die Geradengleichung aus Steigung $m = \frac{2}{3}$ und y-Abschnitt auf. Erkenne aus den Asymptoten und dem y-Abschnitt, dass die Gleichung (3) die richtige ist.

b) Beachte die Bedeutung der Asymptoten und des y-Abschnitts und finde so z. B. $y = \frac{2x-8}{x-3}$. Berechne den y-Achsenschnittpunkt.

2. a) Beachte: Nur gleiche Faktoren dürfen gekürzt werden.

b) Rechne Zähler und Nenner aus und beachte: $\frac{1}{x^{-1}} = x^1$

3. a) Erkenne, dass $a-2b=(-1)\cdot(2b-a)$ gilt.

b) Bestimme den Hauptnenner $a(3-a)(3+a)$, erweitere und rechne den Ausdruck aus.

4. Löse die Gleichungen (1) und (2) durch Vergleich der Zähler bzw. Nenner. Multipliziere in (3) mit dem Hauptnenner und löse die Gleichung.

5. a) Finde den Ansatz $\frac{x-4-5}{x+9} = \frac{1}{4}$ und berechne x.

b) Da a größer als b ist, folgt $\frac{a}{b} > 1$. Multipliziere diese Ungleichung mit $\frac{a}{b}$, dann erhältst du den ersten Größenvergleich.
Da b kleiner als 1 ist, ist b^2 auch kleiner als 1. Mithilfe von $a \cdot b < \frac{a \cdot b}{b^2}$ erhältst du den zweiten Größenvergleich.

Vertiefende Hinweise zum Lösen der Aufgaben findest du in Training Mathematik, 8. Klasse (Buch-Nr.: 900121)
- Kapitel „Elementare gebrochen-rationale Funktionen"
  1 Kennzeichnen einer gebrochen-rationalen Funktion
  2 Asymptoten und Polstellen
  3 Schnittpunkte zweier Funktionen
  4 Potenzen mit ganzzahligen Exponenten

Lösung

BE

1. a) 5 Minuten,

Gerade g: $m = \frac{2}{3} \wedge t = -2 \quad \Rightarrow \quad g\colon y = \frac{2}{3}x - 2$ 2

Die Gleichung (3) trifft zu, da die senkrechte Asymptote bei $x = 2$, die waagrechte Asymptote bei $y = 0$ liegt und der Schnittpunkt mit der y-Achse bei $\left(0 \,\middle|\, \frac{1}{2}\right)$ ist. 3

b) 6 Minuten,

Senkrechte Asymptote $x = 3$: Im Nenner steht der Ausdruck $x - 3$. 1

Waagrechte Asymptote $y = 2$: z. B. $y = \frac{2x - b}{x - 3}$ 2

Nullstelle $x = 4$: $2 \cdot 4 - b = 0 \quad \Rightarrow \quad b = 8 \quad \Rightarrow \quad y = \frac{2x - 8}{x - 3}$ 1

Diese Funktion schneidet die y-Achse $(x = 0)$ im Punkt $N\left(0 \,\middle|\, \frac{8}{3}\right)$. 1

2. a) 6 Minuten,

(1) $\frac{-8ab^2}{2(ab)^2} = \frac{-8ab^2}{2a^2b^2} = -\frac{4}{a}$ 2

(2) $\frac{8x^2 - 4x}{2x - 4x^2} = \frac{4x(2x - 1)}{2x(1 - 2x)} = -2$ 3

b) 3 Minuten,

$\frac{x^{-2} \cdot x^{-5}}{x^{-3} \cdot x^{-6}} = \frac{x^{-7}}{x^{-9}} = x^2$ 3

3. a) 4 Minuten,

$\frac{5a + b}{a - 2b} + \frac{4a + 3b}{2b - a} = \frac{5a + b - 4a - 3b}{a - 2b} = \frac{a - 2b}{a - 2b} = 1$ 3

b) 5 Minuten,

$$\frac{1}{3a-a^2}-\frac{1}{3a+a^2}=\frac{1}{a(3-a)}-\frac{1}{a(3+a)}=\frac{3+a-3+a}{a(3-a)(3+a)}$$ 3

$$=\frac{2a}{a(3-a)(3+a)}=\frac{2}{(3-a)(3+a)}=\frac{2}{9-a^2}$$ 2

4. 6 Minuten, /

(1) $\frac{3}{x-3}=\frac{3}{5} \Rightarrow x-3=5 \Rightarrow x=8 \Rightarrow \mathbb{L}=\{8\}$ 1

(2) $\frac{5}{x^2+4}=1 \Rightarrow x^2+4=5 \Rightarrow x^2=1 \Rightarrow x=1 \vee x=-1$

$\Rightarrow \mathbb{L}=\{\pm 1\}$ 2

(3) $\frac{3}{x}=\frac{2}{2-x} \quad |\cdot x(2-x)$

$6-3x=2x \quad |+3x$ 1

$6=5x \quad |:5$ 1

$x=1,2 \quad \Rightarrow \mathbb{L}=\{1,2\}$ 1

5. a) 5 Minuten,

Nenner: x $\Rightarrow$ Zähler: $x-4$

$\frac{x-4-5}{x+9}=\frac{1}{4} \quad |\cdot 4(x+9)$ 2

$4x-36=x+9 \quad |-x+36$

$3x=45 \quad |:3$ 1

$x=15$ 1

Der ursprüngliche Bruch heißt $\frac{11}{15}$.

b) 5 Minuten,

Aus $\frac{a}{b}>1 \Rightarrow \frac{a^2}{b^2}>\frac{a}{b}$ 1

Es gilt: $a\cdot b<\frac{a\cdot b}{b^2}=\frac{a}{b}$ 2

Damit erhält man: $a\cdot b<\frac{a}{b}<\frac{a^2}{b^2}$ 1

Klassenarbeit 16

BE

1. a) Erweitere jeweils auf den angegebenen Nenner: 4

(1) $\frac{3x}{b-a} = \frac{\quad}{2(a-b)}$

(2) $\frac{1}{a^2+ab} = \frac{\quad}{a^3b+a^2b^2}$

b) Kürze vollständig: 6

(1) $\frac{8x^4-32x^3}{4x^3-16x^2} =$

(2) $\frac{(10^2)^{-3}\cdot(10^{-3})^2}{(10^{-2})^3\cdot(10^{-2})^{-3}} =$

2. Gegeben ist die Funktion f: $x \mapsto y = \frac{-2x-3}{x+1}$

a) Bestimme die maximale Definitionsmenge $\mathbb{D}$ von f und gib die Gleichungen der Asymptoten an. 3

b) Bestimme die Schnittpunkte mit den Koordinatenachsen sowie den Schnittpunkt S mit der Geraden $y=2$. 4

c) Ergänze die folgende Wertetabelle und zeichne den Graphen von f sowie die Gerade $y=2$ mithilfe der Wertetabelle und den Ergebnissen aus den Teilaufgaben a und b in ein Koordinatensystem. 6

x	–4	–2	1	2
y				

3. a) Fasse so weit wie möglich zusammen:

$\frac{a-10b}{10a^2} - \frac{6a-5b}{6ab} + \frac{2b^2+5ab}{5ab^2} =$ 5

b) Löse die folgende Formel nach v auf:

$r = a\cdot\frac{c+v}{c-v}$ 3

4. Bestimme die Lösungsmenge $\mathbb{L}$:

$$\frac{x-5}{2x+6}=1-\frac{4x+2}{x+3}$$ 5

5. Zeige, dass für a, $b \in \mathbb{N}$ mit $a<b$ stets gilt:

$$\frac{1}{b}<\frac{2}{a+b}<\frac{1}{a}$$

Hinweis: Vergleiche $a+b$ jeweils mit 2a bzw. 2b! 4

Hinweise und Tipps

1. a) Suche die entsprechenden Erweiterungsfaktoren.

b) Beachte: Es dürfen nur gleiche Faktoren gekürzt werden.

2. a) Bestimme für die Definitionsmenge die Nullstelle des Nenners, so erhältst du auch die Gleichung der senkrechten Asymptote. Für die waagrechte Asymptote betrachte die Zahlen, die im Zähler und Nenner vor dem x stehen.

b) Setze $x=0$ bzw. $y=0$ für die Schnittpunkte mit den Koordinatenachsen sowie die Funktionsgleichung gleich 2 und berechne den Schnittpunkt S.

c) Ergänze die Wertetabelle und skizziere den Graphen mithilfe der Asymptoten und der berechneten Werte.

3. a) Bestimme den Hauptnenner, erweitere und fasse zusammen.

b) Multipliziere die Formel mit dem Nenner und löse nach v auf.

4. Nimm die Gleichung mit dem Hauptnenner mal und löse sie Schritt für Schritt.

5. Erkenne $a+b<2b$ und $a+b>2a$, d. h. $\frac{a+b}{2}<b$ und $\frac{a+b}{2}>a$ und bilde die Kehrbrüche.

Vertiefende Hinweise zum Lösen der Aufgaben findest du in Training Mathematik, 8. Klasse (Buch-Nr.: 900121)

- Kapitel „Elementare gebrochen-rationale Funktionen“
  1 Kennzeichnen einer gebrochen-rationalen Funktion
  2 Asymptoten und Polstellen
  3 Schnittpunkte zweier Funktionen
  4 Potenzen mit ganzzahligen Exponenten

Lösung

BE

1. a) 5 Minuten,

(1) $\frac{3x}{b-a}=\frac{-6x}{2(a-b)}$ 2

(2) $\frac{1}{a^2+ab}=\frac{ab}{a^3b+a^2b^2}$ 2

b) 5 Minuten,

(1) $\frac{8x^4-32x^3}{4x^3-16x^2}=\frac{8x^3(x-4)}{4x^2(x-4)}=2x$ 3

(2) $\frac{(10^2)^{-3}\cdot(10^{-3})^2}{(10^{-2})^3\cdot(10^{-2})^{-3}}=\frac{10^{-6}\cdot10^{-6}}{10^{-6}\cdot10^6}=10^{-12}$ 3

2. a) 4 Minuten,

$y=f(x)=\frac{-2x-3}{x+1}$

$D=\mathbb{Q}\setminus\{-1\}$, weil $x=-1$ den Nenner zu 0 macht. 1

$\Rightarrow$ $x=-1$ ist senkrechte Asymptote. 1

Wegen $y=\frac{-2-\frac{3}{x}}{1+\frac{1}{x}}=-2$ für $x\to\pm\infty$ folgt:

$y=-2$ ist waagrechte Asymptote. 1

b) 4 Minuten,

Schnittpunkt mit x-Achse $(y=0)$:

$-2x-3=0 \;\Rightarrow\; x=-1{,}5 \;\Rightarrow\; N_1(-1{,}5\,|\,0)$ 1

Schnittpunkt mit y-Achse $(x=0)$:

$y=-3 \;\Rightarrow\; N_2(0\,|\,-3)$ 1

Schnittpunkt mit der Geraden $y=2$:

$\frac{-2x-3}{x+1}=2$

$-2x-3=2x+2 \quad |+2x-2$

$-5=4x \quad |:4$

$x=-1{,}25 \quad\Rightarrow\; S(-1{,}25\,|\,2)$ 2

c) 7 Minuten,

x	−4	−2	1	2
y	−1,67	−1	−2,5	−2,33

2

Graph und Gerade: 4

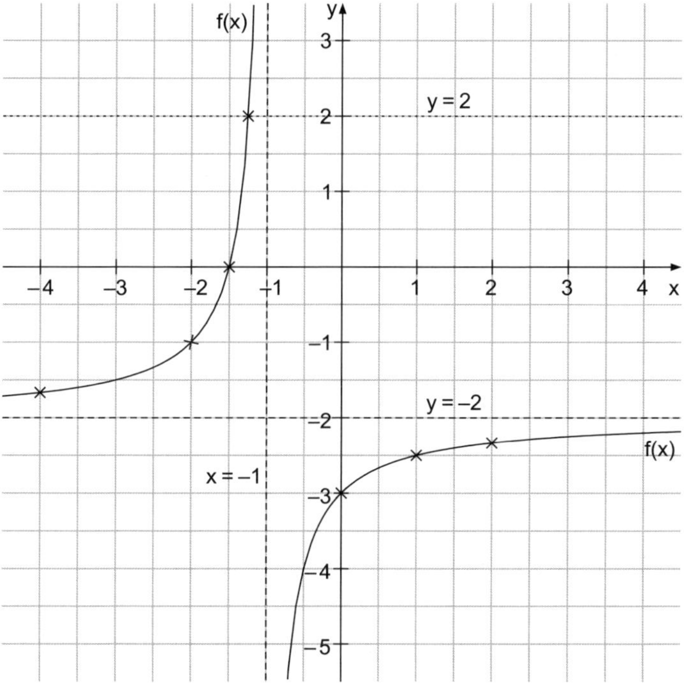

3. a) 6 Minuten, /

$$\frac{a-10b}{10a^2}-\frac{6a-5b}{6ab}+\frac{2b^2+5ab}{5ab^2}$$

$$=\frac{3b^2(a-10b)-5ab(6a-5b)+6a(2b^2+5ab)}{30a^2b^2}$$ 1

$$=\frac{3ab^2-30b^3-30a^2b+25ab^2+12ab^2+30a^2b}{30a^2b^2}$$ 2

$$=\frac{40ab^2-30b^3}{30a^2b^2}=\frac{10b^2(4a-3b)}{30a^2b^2}=\frac{4a-3b}{3a^2}$$ 2

b) 4 Minuten,

$$r = a \cdot \frac{c+v}{c-v} \quad \Big| \cdot (c-v)$$

$$rc - rv = ac + av \quad \Big| + rv - ac$$ 1

$$rc - ac = rv + av$$

$$rc - ac = v(r+a) \quad \Big| : r+a$$ 1

$$v = \frac{c(r-a)}{r+a}$$ 1

4. 5 Minuten,

$$\frac{x-5}{2x+6} = 1 - \frac{4x+2}{x+3} \quad \Big| \cdot HN = 2(x+3)$$

$$x-5 = 2x+6-8x-4$$ 2

$$x-5 = -6x+2 \quad \Big| + 6x+5$$ 1

$$7x = 7 \quad \Big| : 7$$ 1

$$x = 1 \qquad \Rightarrow \quad \mathbb{L} = \{1\}$$ 1

5. 5 Minuten,

Wegen $a<b$ gilt: $a+b<2b \;\Rightarrow\; \frac{a+b}{2}<b \;\Rightarrow\; \frac{2}{a+b}>\frac{1}{b}$ 2

(Wenn man den Kehrbruch bildet, wird aus dem Kleiner-Zeichen ein Größer-Zeichen und umgekehrt).

Wegen $a<b$ gilt: $a+b>2a \;\Rightarrow\; \frac{a+b}{2}>a \;\Rightarrow\; \frac{2}{a+b}<\frac{1}{a}$ 2

Damit ist insgesamt nachgewiesen, dass für $a<b$ gilt: $\frac{1}{b}<\frac{2}{a+b}<\frac{1}{a}$

Klassenarbeit 17

BE

1. a) Eine gebrochen-rationale Funktion f besitzt die senkrechte Asymptote $x=-1$, hat die x-Achse als waagrechte Asymptote und schneidet die y-Achse bei $y=1$.
Gib einen (möglichst einfachen) Funktionsterm für die Funktion f an. 3

b) Welche Definitionsmenge, welche Asymptoten und welche Nullstelle besitzt die Funktion $f\colon x \mapsto y = f(x) = \frac{2x+1}{4x-2}$?
Berechne die Funktionswerte f(–2), f(1) und f(2) und skizziere den Graphen in ein Koordinatensystem. 7

2. Kürze so weit wie möglich:

a) $\frac{(1{,}5^{-2})^{-2}}{\left(\frac{2}{3}\right)^{-2}\cdot\left[\left(\frac{3}{2}\right)^{-2}\right]^{-1}} =$ 3

b) $\frac{4x^4-16x^3}{32x^2-8x^3} =$ 3

c) $\frac{8a^2}{11bx} : \left(\frac{68ac}{77bx^2} : \frac{51bc}{28ax}\right) =$ 4

3. a) Fasse so weit wie möglich zusammen:
$\frac{2a-4}{1-a} - \frac{a-5}{2-2a} =$ 4

b) Löse die folgende Formel nach b auf:
$t = a \cdot \frac{b}{c+b}$ 3

4. a) Bestimme die Lösungsmenge $\mathbb{L}$:
$\frac{1}{4x+6} = \frac{-2}{10x+15} - \frac{3}{10}$ 5

b) Zeige, dass der Term

$$T(n) = \frac{1}{n+1} + \frac{1}{n^2 + n}$$

für jedes $n \in \mathbb{N}$ ein Stammbruch ist. 4

5. Zeige, dass es genau eine Zahl $x \in \mathbb{Q}_0^+$ gibt, sodass sie vom Zähler des Bruches $\frac{17}{19}$ subtrahiert und zum Nenner addiert einen Bruch mit dem Wert $\frac{7}{11}$ ergibt. 4

Hinweise und Tipps

1. a) Bestimme aus der Definitionsmenge, der waagrechten Asymptote und dem y-Achsenschnittpunkt eine mögliche Funktionsgleichung, z. B. $y = \frac{1}{x+1}$.

b) Über die Definitionslücke erhältst du die senkrechte Asymptote. Die waagrechte Asymptote ergibt sich aus den Zahlen, die im Zähler und im Nenner vor dem x stehen. Berechne die gewünschten Funktionswerte und skizziere den Graphen.

2. a) Rechne die Potenzen unter Berücksichtigung von $1{,}5 = \frac{3}{2}$ aus und kürze.

b) Stelle im Zähler und im Nenner jeweils ein Produkt her und kürze gleiche Faktoren.

c) Löse die Klammern auf und kürze gleiche Faktoren.

3. a) Bestimme den Hauptnenner $HN = 2(1-a)$, erweitere und fasse zusammen.

b) Multipliziere die Formel mit dem Nenner und löse nach b auf.

4. a) Multipliziere die Gleichung mit dem Hauptnenner $HN = 10(2x+3)$ und rechne sie Schritt für Schritt aus.

b) Fasse die Brüche zusammen und kürze so weit wie möglich. Steht im Zähler nun die 1?

5. Stelle die Gleichung auf, löse sie und erkenne, dass es nur eine Lösung gibt. Liegt x in $\mathbb{Q}_0^+$?

Vertiefende Hinweise zum Lösen der Aufgaben findest du in
Training Mathematik, 8. Klasse (Buch-Nr.: 900121)

- Kapitel „Elementare gebrochen-rationale Funktionen"
  1 Kennzeichnen einer gebrochen-rationalen Funktion
  2 Asymptoten und Polstellen
  3 Schnittpunkte zweier Funktionen
  4 Potenzen mit ganzzahligen Exponenten

Lösung

BE

1. a) 4 Minuten,

Senkrechte Asymptote $x=-1 \Rightarrow$ Im Nenner steht der Faktor $x+1$. 1

Die x-Achse ist waagrechte Asymptote. $\Rightarrow$ Im Zähler steht eine Konstante.

$\Rightarrow \quad y=\dfrac{a}{x+1}$ 1

Schnittpunkt mit der y-Achse bei $y=1$, $x=0$:

$y=\dfrac{a}{1}=1 \quad\Rightarrow\quad a=1 \quad\Rightarrow\quad y=\dfrac{1}{x+1}$ 1

b) 8 Minuten,

$y=f(x)=\dfrac{2x+1}{4x-2}$

$\mathbb{D}=\mathbb{Q}\setminus\left\{\frac{1}{2}\right\}$, weil für $x=\frac{1}{2}$ der Nenner $4x-2=0$ wird. 1

$\Rightarrow$ senkrechte Asymptote: $x=\dfrac{1}{2}$ 1

Wegen $y=\dfrac{2+\frac{1}{x}}{4-\frac{2}{x}}=\frac{1}{2}$ für $x\to\pm\infty$

$\Rightarrow$ waagrechte Asymptote: $y=\dfrac{1}{2}$ 1

Nullstelle ($y=0$): $2x+1=0 \quad\Rightarrow\quad x=-\dfrac{1}{2} \quad\Rightarrow\quad N\left(-\dfrac{1}{2}\,\middle|\,0\right)$ 1

$f(-2)=0{,}3 \qquad f(1)=1{,}5 \qquad f(2)=\dfrac{5}{6}\approx 0{,}83$ 3

Graph:

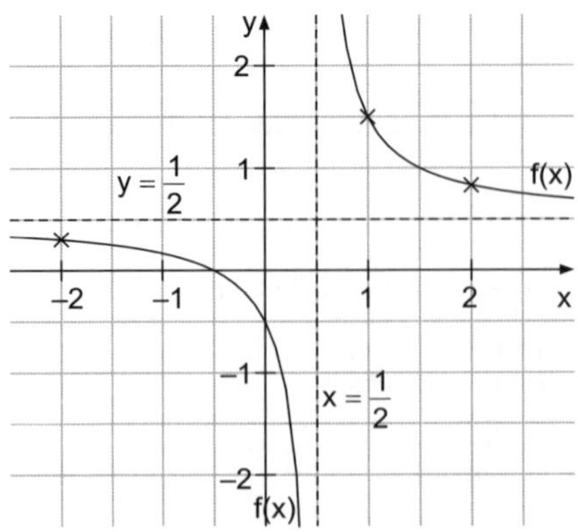

2. a) 3 Minuten,

$$\frac{(1{,}5^{-2})^{-2}}{\left(\frac{2}{3}\right)^{-2}\cdot\left[\left(\frac{3}{2}\right)^{-2}\right]^{-1}}=\frac{\left(\frac{3}{2}\right)^{4}}{\left(\frac{3}{2}\right)^{2}\cdot\left(\frac{3}{2}\right)^{2}}=1$$ 3

b) 3 Minuten,

$$\frac{4x^4-16x^3}{32x^2-8x^3}=\frac{4x^3(x-4)}{8x^2(4-x)}=-\frac{x}{2}$$ 3

c) 5 Minuten,

$$\frac{8a^2}{11bx}:\left(\frac{68ac}{77bx^2}:\frac{51bc}{28ax}\right)=\frac{8a^2\cdot 77bx^2\cdot 51bc}{11bx\cdot 68ac\cdot 28ax}=\frac{2\cdot 7\cdot 3\cdot a^2b^2cx^2}{1\cdot 4\cdot 7\cdot a^2bcx^2}=\frac{3b}{2}$$ 4

3. a) 4 Minuten, /

$$\frac{2a-4}{1-a}-\frac{a-5}{2-2a}=\frac{4a-8-a+5}{2(1-a)}=\frac{3a-3}{2(1-a)}=\frac{3(a-1)}{2(1-a)}=-\frac{3}{2}$$ 4

b) 4 Minuten,

$$t=a\cdot\frac{b}{c+b}\quad\Big|\cdot c+b$$

$$ct+bt=ab\quad\Big|-bt$$ 1

$$ct=ab-bt$$

$$ct=b(a-t)\quad\Big|:(a-t)$$ 1

$$b=\frac{ct}{a-t}$$ 1

4. a) 5 Minuten, /

$$\frac{1}{4x+6}=\frac{-2}{10x+15}-\frac{3}{10}\quad\Big|\cdot HN$$

$4x+6=2\cdot(2x+3)$
$10x+15=5\cdot(2x+3)$ 1
$10=2\cdot 5$
$\Rightarrow\quad HN=10\cdot(2x+3)$

$$5=-4-3(2x+3)$$ 1

$$5=-4-6x-9\quad\Big|+13$$ 1

$$18=-6x\quad\Big|:(-6)$$ 1

$$x=-3$$ 1

$\Rightarrow\quad \mathbb{L}=\{-3\}$

b) 4 Minuten,

$$T(n) = \frac{1}{n+1} + \frac{1}{n^2+n} = \frac{1}{n+1} + \frac{1}{n(n+1)} = \frac{n+1}{n(n+1)} = \frac{1}{n}$$ 4

$\Rightarrow$ T(n) ist für jedes $n \in \mathbb{N}$ ein Stammbruch.

5. 5 Minuten,

$$\frac{17-x}{19+x} = \frac{7}{11}$$

$$(17-x) \cdot 11 = 7 \cdot (19+x)$$

$$187 - 11x = 133 + 7x$$

$$54 = 18x$$

$$x = 3$$ 2

Da $x \in \mathbb{Q}_0^+$, gibt es eine solche Zahl. Und die Lösung der Gleichung hat gezeigt, dass es nur dieses eine x gibt. 2

Klassenarbeit 18

BE

1. Gegeben ist die gebrochen-rationale Funktion f durch $f(x) = \frac{ax + c}{bx - 2}$.

a) Bestimme die Koeffizienten a, b und c so, dass die Funktion f die Definitionsmenge $\mathbb{D} = \mathbb{Q} \setminus \{0{,}5\}$, die waagrechte Asymptote $y = 1$ sowie den Schnittpunkt $S(0\,|\,2{,}5)$ mit der y-Achse besitzt.
(Zwischenergebnis: $y = f(x) = \frac{4x - 5}{4x - 2}$) 6

b) Bestimme für die Funktion f die Nullstelle, berechne f(–2) und f(2) und skizziere den Graphen in ein Koordinatensystem. 5

2. a) Kürze so weit wie möglich:

(1) $\frac{15a + 5b}{4b + 12a} =$

(2) $\frac{10a - 30a^2}{15a - 5} =$ 5

b) Für ein Rechteck mit den Seitenlängen a und b sowie dem Umfang u und dem Flächeninhalt A gilt bekanntlich $A = a \cdot b$.
Zeige durch Einsetzen, dass u in der Form $u = 2(b + A : b)$ geschrieben werden kann, und löse dann diese Formel nach A auf. 4

3. Fasse so weit wie möglich zusammen:

a) $\frac{1}{2}a - \frac{a + \frac{1}{3}}{3 + \frac{1}{a}} =$ 4

b) $3^{-1} - \frac{4 - x}{2x^2} - \frac{2x + 3}{6x} =$ 4

4. a) Löse mithilfe einer Gleichung:
Der Nenner eines Bruches ist um 8 kleiner als der Zähler. Addiert man zum Zähler 1 und zum Nenner 25, so entsteht ein Bruch, der gleich dem Kehrwert des ursprünglichen Bruches ist.
Wie heißt der ursprüngliche Bruch? 4

b) Bestimme die Lösungsmenge $\mathbb{L}$:

$$\frac{x}{x-1} - \frac{3}{x+1} = 1$$ 4

5. Ordne jedem Graphen der Funktionen 1 bis 4 die richtige Funktionsgleichung I bis IV zu. 4

1

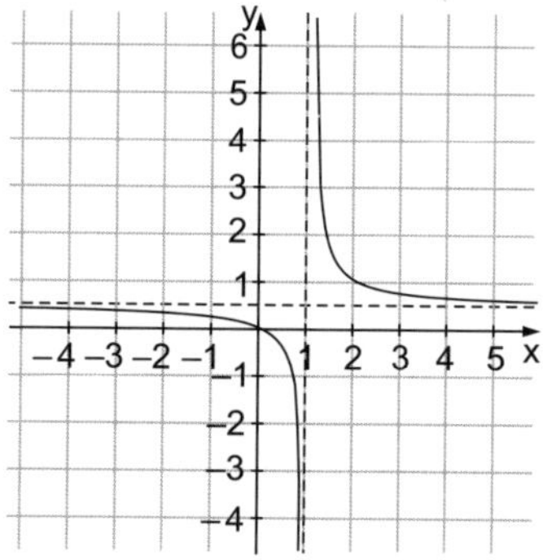

2

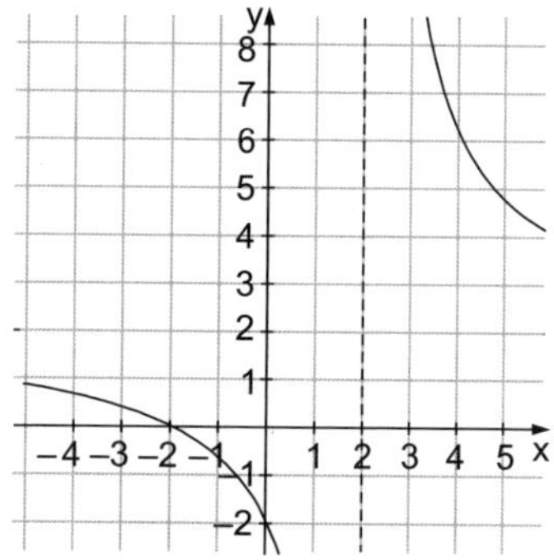

3

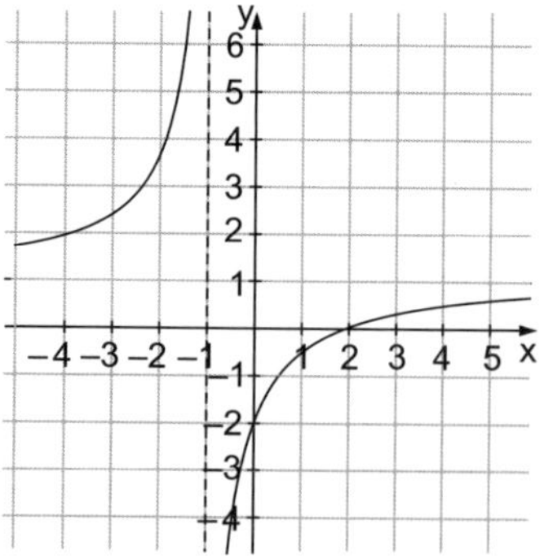

4

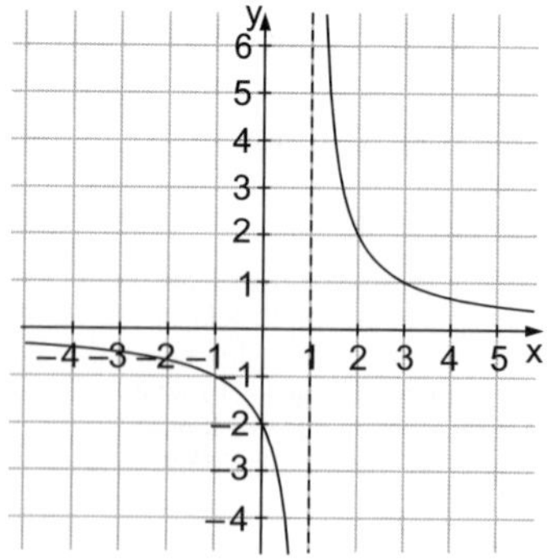

I $y = f(x) = \frac{x-2}{x+1}$

II $y = f(x) = \frac{2x+4}{x-2}$

III $y = f(x) = \frac{2}{x-1}$

IV $y = f(x) = \frac{\frac{1}{2}x}{x-1}$

Hinweise und Tipps

1. a) Beachte die Bedeutung der Definitionsmenge für den Nenner sowie die für die waagrechte Asymptote und den y-Achsenabschnitt. Verwende eventuell das angegebene Zwischenergebnis.

b) Setze für die Nullstelle $y=0$, berechne die beiden Funktionswerte und skizziere den Graphen.

2. a) Faktorisiere und kürze dann. Beachte: Kürze nur gleiche Faktoren!

b) Setze in $u=2(a+b)$ den Ausdruck $a=A:b$ ein und löse dann nach A auf.

3. a) Forme den Doppelbruch so um, dass du Zähler und Nenner als einen Bruch schreibst, kürze und fasse dann zusammen.

b) Bringe den Ausdruck auf den Hauptnenner $HN=6x^2$ und fasse zusammen.

4. a) Finde den Ansatz $\frac{x+1}{x-8+25}=\frac{x-8}{x}$ und löse diese Gleichung.

b) Multipliziere die gesamte Gleichung mit $HN=(x-1)(x+1)$ und löse die Gleichung.

5. Aus Asymptoten und Schnittpunkten mit den Koordinatenachsen die richtige Zuordnung finden.

Vertiefende Hinweise zum Lösen der Aufgaben findest du in
Training Mathematik, 8. Klasse (Buch-Nr.: 900121)

- Kapitel „Elementare gebrochen-rationale Funktionen“
  1 Kennzeichnen einer gebrochen-rationalen Funktion
  2 Asymptoten und Polstellen
  3 Schnittpunkte zweier Funktionen
  4 Potenzen mit ganzzahligen Exponenten

Lösung

BE

1. a) 6 Minuten, /

Aus $\mathbb{D} = \mathbb{Q} \setminus \{0{,}5\}$ folgt: $\frac{1}{2}b - 2 = 0 \;\Rightarrow\; b = 4$ 2

Aus waagerechter Asymptote $y = 1$ folgt: $\frac{a}{b} = 1 \;\Rightarrow\; a = b = 4$ 2

Aus $(0\,|\,2{,}5) \in f$ folgt: $\frac{c}{-2} = 2{,}5 \;\Rightarrow\; c = -5$ 2

$\Rightarrow \quad y = f(x) = \frac{4x - 5}{4x - 2}$

b) 6 Minuten,

Nullstelle $(y = 0)$: $4x - 5 = 0 \;\Rightarrow\; x = 1{,}25 \;\Rightarrow\; N(1{,}25\,|\,0)$ 1

$f(-2) = 1{,}3 \qquad f(2) = \frac{1}{2}$ 1

Graph: 3

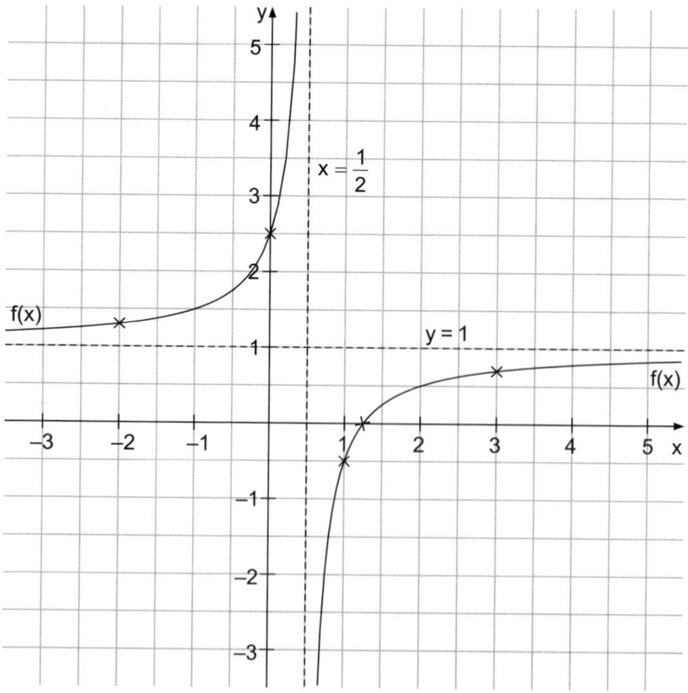

2. a) 5 Minuten,

(1) $\frac{15a+5b}{4b+12a}=\frac{5(3a+b)}{4(3a+b)}=\frac{5}{4}$ 2

(2) $\frac{10a-30a^2}{15a-5}=\frac{10a(1-3a)}{5(3a-1)}=-2a$ 3

b) 5 Minuten,

$A=a\cdot b \quad \Rightarrow \quad a=\frac{A}{b}=A:b$ 1

$u=2\cdot(a+b)=2\cdot\left(\frac{A}{b}+b\right)=2(b+A:b)$ 1

$$\Rightarrow \qquad \frac{u}{2}=b+\frac{A}{b} \qquad \Big| -b$$

$$\frac{u}{2}-b=\frac{A}{b} \qquad \Big| \cdot b$$

$$A=\frac{ub}{2}-b^2$$

$$A=\frac{ub-2b^2}{2}$$ 2

3. a) 4 Minuten,

$\frac{1}{2}a-\frac{a+\frac{1}{3}}{3+\frac{1}{a}}=\frac{1}{2}a-\frac{\frac{3a+1}{3}}{\frac{3a+1}{a}}=\frac{1}{2}a-\frac{1}{3}a=\frac{1}{6}a$ 4

b) 4 Minuten,

$3^{-1}-\frac{4-x}{2x^2}-\frac{2x+3}{6x}=\frac{1}{3}-\frac{4-x}{2x^2}-\frac{2x+3}{6x}=\frac{2x^2-12+3x-2x^2-3x}{6x^2}$ 3

$=\frac{-12}{6x^2}=\frac{-2}{x^2}$ 1

4. a) 5 Minuten,

Zähler: x $\Rightarrow$ Nenner: x − 8

$$\frac{x+1}{x-8+25}=\frac{x-8}{x}$$ 1

$$\frac{x+1}{x+17}=\frac{x-8}{x} \qquad |\cdot x(x+17)$$

$$x(x+1)=(x-8)(x+17)$$ 1

$$x^2+x=x^2-8x+17x-136 \qquad |-x^2-x+136$$ 1

$$136=8x \qquad |:8$$

$$x=17$$ 1

$\Rightarrow$ ursprünglicher Bruch: $\frac{17}{9}$

b) 4 Minuten, /

$$\frac{x}{x-1}-\frac{3}{x+1}=1 \qquad |\cdot(x-1)(x+1)$$

$$x(x+1)-3(x-1)=(x-1)(x+1)$$ 1

$$x^2+x-3x+3=x^2-1 \qquad |-x^2+2x+1$$ 1

$$4=2x \qquad |:2$$ 1

$$x=2$$ 1

$\Rightarrow$ $\mathbb{L}=\{2\}$

5. 6 Minuten, /

Aus den Gleichungen der Asymptoten und aus den Schnittpunkten mit den Koordinatenachsen findet man die richtige Zuordnung zu:

1 → IV 1

2 → II 1

3 → I 1

4 → III 1

Klassenarbeit 19

BE

1. a) Kürze so weit wie möglich:

$$\frac{12a^2b-4a}{2a^2-6a^3b}=$$ 3

b) Bestimme die Lösungsmenge $\mathbb{L}$:

$$\frac{3-6x}{3x}+3=\frac{1}{x}+1$$ 4

2. a) Gib eine (möglichst einfache) gebrochen-rationale Funktion f an, die zwei Nullstellen, keine Definitionslücke und die waagrechte Asymptote $y=1$ besitzt. 4

b) $y=f(x)=\dfrac{2x+2}{3-2x}$

Bestimme für die Funktion f die Definitionsmenge, die Gleichungen der Asymptoten und die Schnittpunkte mit den Koordinatenachsen. Berechne dann f(1), f(2) sowie f(4) und skizziere den Graphen in ein Koordinatensystem. 7

3. Fasse so weit wie möglich zusammen:

a) (1) $\dfrac{1-2x}{3x}-3^{-2}=$

(2) $\dfrac{4}{a+1}-\left(\dfrac{1}{2}\right)^{-2}=$ 4

b) $\dfrac{\frac{1}{a}-\frac{1}{b}}{\frac{a^2-ab}{b}}=$ 4

c) $2^{-1}-\dfrac{5x-2}{14x}-\dfrac{x^2-1}{7x^2}=$ 4

4. Inge fragt Steffen nach seinem Alter. Er gibt ihr dazu folgende Aufgabe zum Lösen: „Wenn du die Hälfte des Kehrwertes meines Alters in sechs Jahren vom Kehrwert meines heutigen Alters subtrahierst, bekommst du genau den Kehrwert meines Alters in sechs Jahren.“ Wie alt ist Steffen? 5

5. Ordne jeder der Funktionsgleichungen 1 bis 5 den richtigen Funktionsgraphen I bis V zu. 5

1 $y = f(x) = \frac{1}{x}$

2 $y = f(x) = -\frac{2}{x}$

3 $y = f(x) = \frac{0{,}5x - 1}{2x - 2}$

4 $y = f(x) = \frac{x - 2}{x + 2}$

5 $y = f(x) = \frac{2 - x}{x}$

I

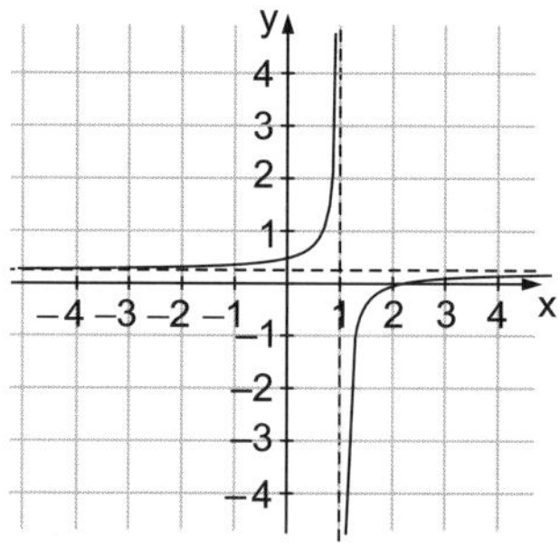

II

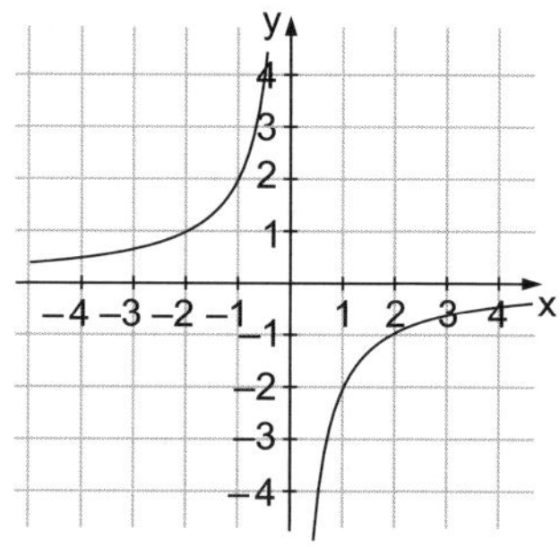

III

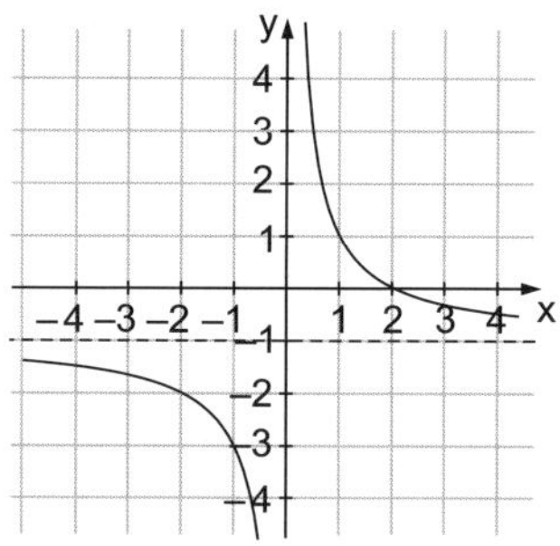

IV

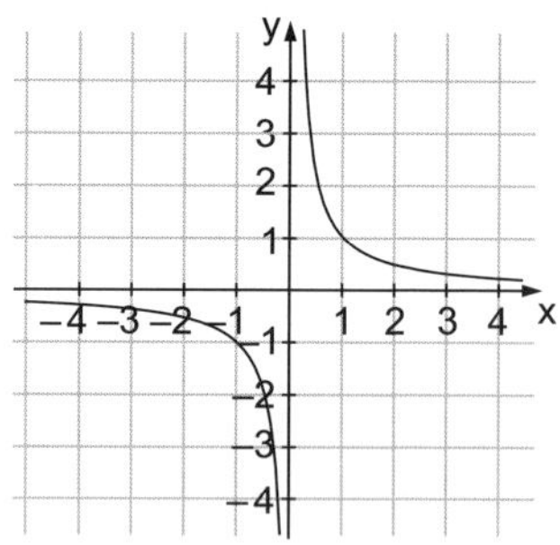

V

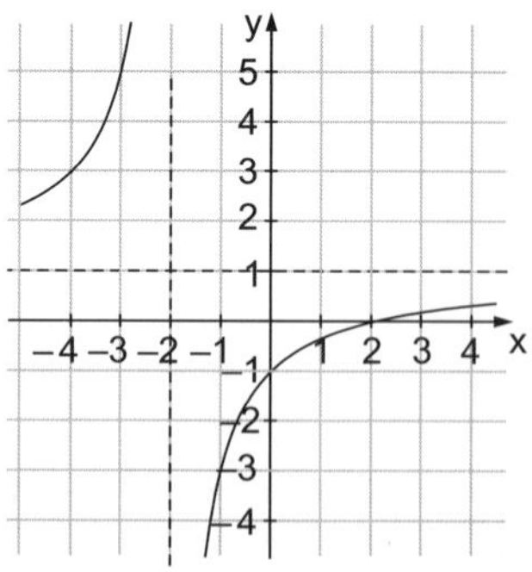

Hinweise und Tipps

1. a) Beachte: Kürze nur gleiche Faktoren!

b) Nimm die Gleichung mit dem Hauptnenner $HN = 3x$ mal und erkenne den vorliegenden Sonderfall. Beachte den Fall $x = 0$!

2. a) Der Nenner darf nie 0 werden. Dies erfüllt z. B. $\frac{a}{x^2+1}$.
f soll zudem zweimal die x-Achse schneiden. Wähle dir dafür zwei Punkte und ersetze a entsprechend.

b) Bestimme die Definitionsmenge, die Asymptoten sowie die Schnittpunkte der Koordinatenachsen nach den bekannten Regeln, berechne die gesuchten Funktionswerte und skizziere den Graphen.

3. a) Bringe die Ausdrücke jeweils auf den Hauptnenner und fasse sie zusammen.

b) Löse den Doppelbruch auf und kürze gleiche Faktoren.

c) Bringe den Term auf den Hauptnenner $HN = 14x^2$ und fasse dann zusammen.

4. Finde den Ansatz $\frac{1}{x} - \frac{0{,}5}{x+6} = \frac{1}{x+6}$ und löse diese Gleichung.

5. Aus den Gleichungen der Asymptoten und den Schnittpunkten mit den Koordinatenachsen die richtige Zuordnung wählen.

Vertiefende Hinweise zum Lösen der Aufgaben findest du in
Training Mathematik, 8. Klasse (Buch-Nr.: 900121)

- Kapitel „Elementare gebrochen-rationale Funktionen“
  1 Kennzeichnen einer gebrochen-rationalen Funktion
  2 Asymptoten und Polstellen
  3 Schnittpunkte zweier Funktionen
  4 Potenzen mit ganzzahligen Exponenten

Lösung

BE

1. a) 3 Minuten,

$$\frac{12a^2b-4a}{2a^2-6a^3b}=\frac{4a(3ab-1)}{2a^2(1-3ab)}=-\frac{2}{a}$$ 3

b) 4 Minuten,

$$\frac{3-6x}{3x}+3=\frac{1}{x}+1 \quad |\cdot 3x$$

$3-6x+9x=3+3x$ 2

$3+3x=3+3x$ w.

Die Gleichung ist in ihrer Definitionsmenge $\mathbb{D}=\mathbb{Q}\setminus\{0\}$ allgemeingültig, d. h. $\mathbb{L}=\mathbb{Q}\setminus\{0\}$. 2

2. a) 4 Minuten,

Eine mögliche gebrochen-rationale Funktion kann den Nenner x^2+1 besitzen, da $x^2+1\neq 0$ für alle $x\in\mathbb{Q}$ gilt und damit keine Definitionslücke vorliegt. Besitzt die Funktion etwa die Nullstellen $x=2$ und $x=3$, dann gilt wegen der waagrechten Asymptote $y=1$ für f:

$$y=f(x)=\frac{(x-2)(x-3)}{x^2+1}=\frac{x^2-5x+6}{x^2+1}$$ 4

Andere Funktionen, die die gleichen Bedingungen erfüllen, wären z. B. $y=\frac{x(x-1)}{x^2+5}$ oder $y=\frac{(x-1)(x+1)}{x^2+3}$ usw.

b) 8 Minuten,

$\mathbb{D}=\mathbb{Q}\setminus\left\{\frac{3}{2}\right\}$, weil für $x=\frac{3}{2}$ gilt: $3-2x=0$ 1

$\Rightarrow\; x=1{,}5$ ist senkrechte Asymptote

Aus $y=\dfrac{2+\frac{2}{x}}{\frac{3}{x}-2}=-1$ für $x\to\pm\infty$ folgt:

$y=-1$ ist waagrechte Asymptote 1

Schnittpunkt mit x-Achse ($y=0$):

$2x+2=0 \;\Rightarrow\; x=-1 \;\Rightarrow\; N_1(-1\,|\,0)$ 1

Schnittpunkt mit y-Achse $(x = 0)$:

$y = \frac{2}{3} \;\Rightarrow\; N_2\left(0 \,\middle|\, \frac{2}{3}\right)$ 1

$f(1) = 4, \qquad f(2) = -6, \qquad f(4) = -2$

Graph: 3

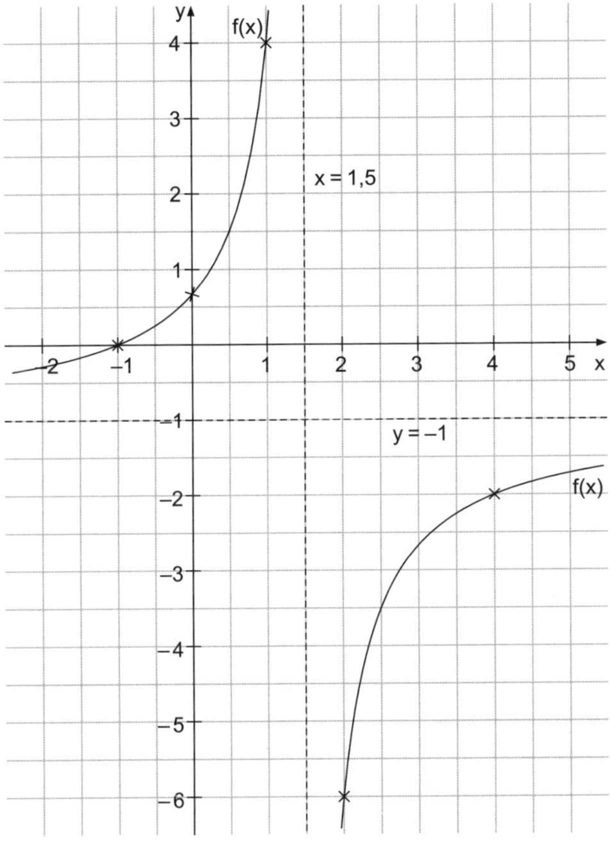

3. a) 5 Minuten,

(1) $\frac{1-2x}{3x} - 3^{-2} = \frac{1-2x}{3x} - \frac{1}{9} = \frac{3-6x-3x}{9x} = \frac{3-9x}{9x} = \frac{1-3x}{3x}$ 2

(2) $\frac{4}{a+1}-\left(\frac{1}{2}\right)^{-2}=\frac{4}{a+1}-4=\frac{4-4a-4}{a+1}=\frac{-4a}{a+1}$ 2

b) 5 Minuten,

$\frac{\frac{1}{a}-\frac{1}{b}}{\frac{a^2-ab}{b}}=\frac{\frac{b-a}{ab}}{\frac{a(a-b)}{b}}=\frac{b(b-a)}{a^2b(a-b)}=-\frac{1}{a^2}$ 4

c) 4 Minuten,

$2^{-1}-\frac{5x-2}{14x}-\frac{x^2-1}{7x^2}=\frac{1}{2}-\frac{5x-2}{14x}-\frac{x^2-1}{7x^2}$ 1

$=\frac{7x^2-5x^2+2x-2x^2+2}{14x^2}=\frac{2x+2}{14x^2}$ 2

$=\frac{2(x+1)}{14x^2}=\frac{x+1}{7x^2}$ 1

4. 6 Minuten,

Heutiges Alter: x

$\frac{1}{x}-\frac{0,5}{x+6}=\frac{1}{x+6} \quad \left| +\frac{0,5}{x+6}\right.$ 2

$\frac{1}{x}=\frac{1,5}{x+6} \quad |\cdot x(x+6)$ 1

$x+6=1,5x \quad |-x$ 1

$6=0,5x \quad |\cdot 2$

$x=12$ 1

Steffen ist 12 Jahre alt.

5. 6 Minuten, /

Aus den Funktionsgleichungen die Gleichungen der Asymptoten und die Schnittpunkte mit den Koordinatenachsen entnehmen.

Man findet damit als richtige Zuordnung:

1 → IV 2 → II 2

3 → I 4 → V 2

5 → III 1

Klassenarbeiten zum Themenbereich 5

- **Strahlensatz**
- **Ähnlichkeit**

Klassenarbeit 20

BE

1. Das Parallelogramm ABFD (siehe Skizze) hat die Seitenlängen $\overline{DF} = 10{,}5$ cm und $\overline{BF} = 2$ cm.

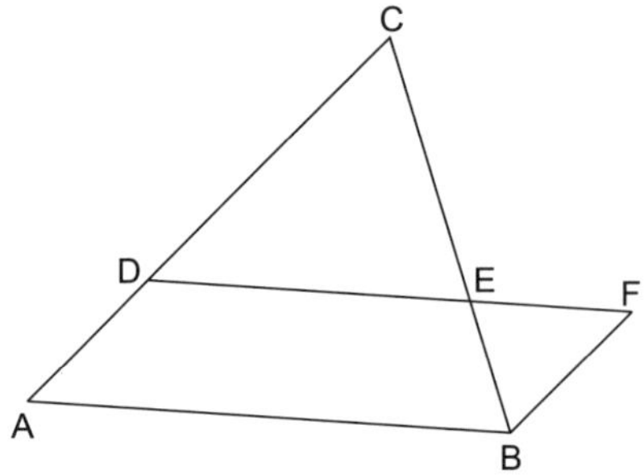

a) Berechne $x = \overline{DE}$, wenn $\overline{DC} = 5$ cm gilt. 4

b) Bestimme das Verhältnis $\overline{CE} : \overline{CB}$ und dann die Länge y der Strecke [CE], wenn $\overline{EB} = 2$ cm ist. 4

2. a) Zwischen den Punkten H und K soll ein Tunnel gebaut werden. Die Strecke [HK] mit der Länge x ist nicht direkt messbar. Man kennt aber die Längen $\overline{LF} = 104$ m, $\overline{KG} = 91$ m und $\overline{KL} = 25$ m. Wie groß ist die Länge x?

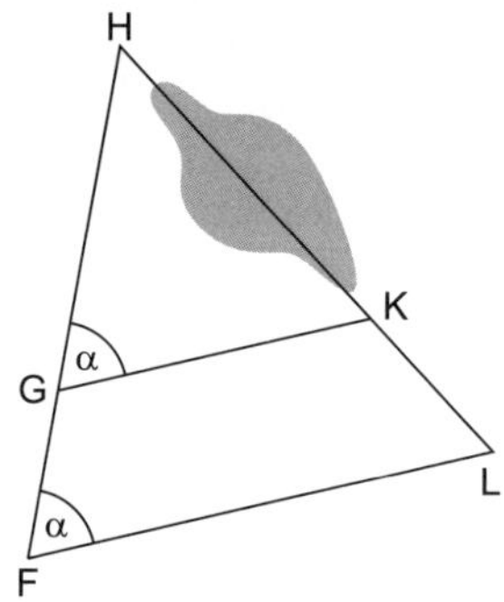

4

b) Die Schattenlänge eines vertikal gehaltenen Meterstabes beträgt 1,20 m. Wie hoch ist ein Baum, der zur gleichen Zeit einen 12,60 m langen Schatten wirft?

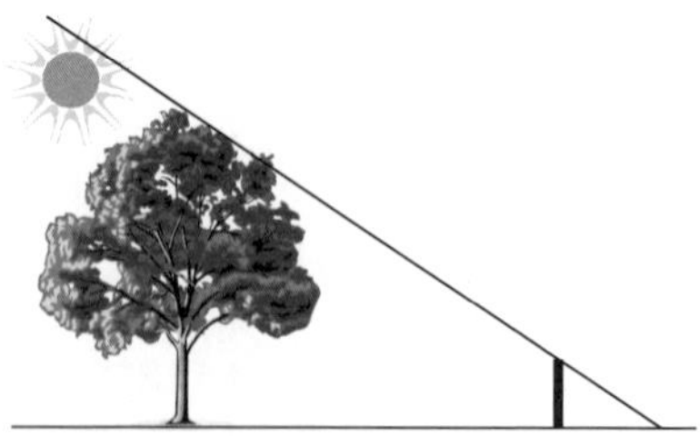

3

3. a) Zeige mithilfe ähnlicher Dreiecke, dass sich in jedem Dreieck ABC zwei Höhen umgekehrt verhalten wie die zugehörigen Seiten, z. B. $h_a : h_b = b : a$. 6

b) In einem Dreieck ABC sind die Seiten $a = 5{,}6$ cm und $b = 9{,}8$ cm gegeben. Die Summe der Höhen h_a und h_b beträgt 8,8 cm. Wie groß sind die beiden Höhen? 4

4. a) Überprüfe, ob die Dreiecke ABC und A'B'C' mit den folgenden Winkeln ähnlich sind (Begründung!): 4

(1) $\alpha = 37°$, $\beta = 76°$, $\beta' = 76°$, $\gamma' = 87°$

(2) $\alpha = 114°$, $\beta = 22°$, $\beta' = \beta$, $\gamma' = \gamma$

b) Konstruiere ein Dreieck ABC aus $c = 4{,}8$ cm, $a : b = 5 : 3$ und $\alpha = 30°$ (Vorüberlegung und Konstruktion!). 6

5. Die zentrische Streckung $S_{Z;\,-1{,}5}$ mit dem Zentrum Z und dem Abbildungsfaktor $k = -1{,}5$ bildet die Gerade g auf die Gerade g' und P auf P' mit $\overline{PP'} = 4$ cm ab (siehe Skizze).
Konstruiere das Zentrum Z dieser Streckung sowie den Bildpunkt Q' von Q und berechne die Länge der Strecke [ZP].

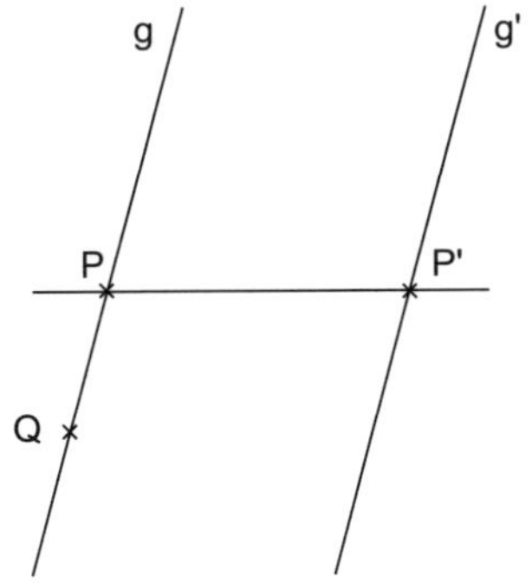

5

Hinweise und Tipps

1. a) Wende den Strahlensatz (X-Figur) zur Bestimmung von x an.

b) Wende zur Berechnung von y den Strahlensatz (V-Figur) an.

2. a) Mithilfe des Strahlensatzes (V-Figur) ergibt sich die Berechnungsmöglichkeit für x.

b) Wende die V-Figur des Strahlensatzes an.

3. a) Zeichne in ein beliebiges Dreieck die Höhen $h_a = [AD]$ und $h_b = [BE]$ ein und erkenne, dass die Dreiecke ACD und BCE nach dem WW-Satz ähnlich sind. Lies daraus die gewünschte Proportion ab.

b) Drücke h_a durch h_b aus und berechne aus $h_a + h_b = 8{,}8$ cm die Längen für h_a und h_b.

4. a) Zeichne in jeweils zwei Dreiecke ABC und A'B'C' die gegebenen Stücke ein und erkenne, dass im Fall (2) Ähnlichkeit nach dem WW-Satz vorliegt.

b) Zeichne ein zum gesuchten Dreieck ABC ähnliches Dreieck A'B'C' aus $a' = 5$ cm, $b' = 3$ cm und α. Verkleinere dieses dann von A aus im Verhältnis $c : c'$.

5. Der Streckungsfaktor gibt an, wie viele Einheiten auf g und g' abgetragen werden müssen. Verbinde die Eckpunkte und erhalte Z als Schnittpunkt mit PP'.
Berechne die Länge von [ZP] über die Gleichung $\overline{ZP'} = |k| \cdot \overline{ZP}$.

Vertiefende Hinweise zum Lösen der Aufgaben findest du in
Training Mathematik, 8. Klasse (Buch-Nr.: 900121)

- Kapitel „Strahlensatz und Ähnlichkeit"
  1 Die zentrische Streckung
  2 Strahlensatz
  3 Ähnlichkeit von Figuren
  4 Ähnlichkeitssätze für Dreiecke

Lösung

BE

1. a) 5 Minuten,

Mit der X-Figur des Strahlensatzes erhält man:

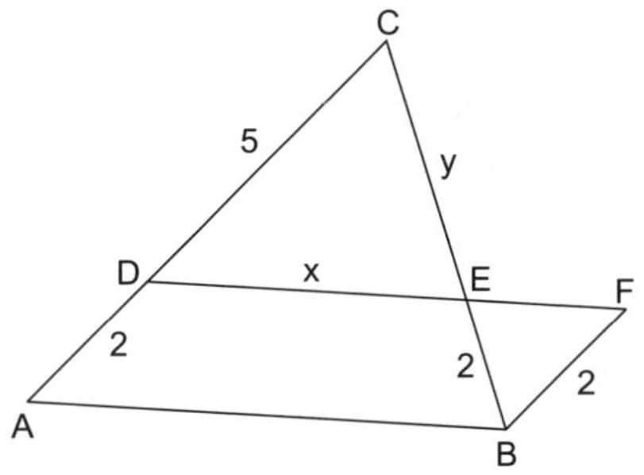

$$\frac{\overline{DE}}{\overline{DC}} = \frac{\overline{EF}}{\overline{BF}}$$

$x : 5 = (10{,}5 - x) : 2$ 2

$2x = 52{,}5 - 5x \quad | + 5x$

$7x = 52{,}5 \quad | : 7$ 1

$x = 7{,}5$ 1

$\overline{DE}$ ist 7,5 cm lang.

b) 4 Minuten,

Mithilfe der V-Figur des Strahlensatzes ergibt sich:

$$\frac{\overline{CE}}{\overline{CB}} = \frac{\overline{CD}}{\overline{CA}} = \frac{5}{7}$$

$$y : \overline{CB} = \overline{CD} : \overline{CA} \quad \Rightarrow \quad y = \frac{\overline{CD}}{\overline{CA}} \cdot \overline{CB}$$

$\Rightarrow \quad y = \frac{5}{7} \cdot (y + 2) \quad | \cdot 7$ 2

$7y = 5y + 10 \quad | - 5y$

$2y = 10 \quad | : 2$ 1

$y = 5$ 1

$\overline{CE}$ beträgt 5 cm.

2. a) 4 Minuten,

Aus der V-Figur des Strahlensatzes folgt:

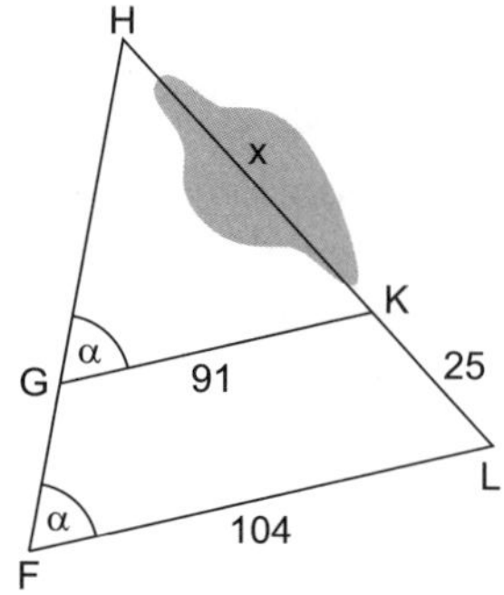

$$\frac{\overline{HK}}{\overline{HL}} = \frac{\overline{KG}}{\overline{LF}}$$

$$\frac{x}{x+25} = \frac{91}{104}$$

$104x = 91x + 2\,275 \quad |-91x$ 2

$13x = 2\,275 \quad |:13$ 1

$x = 175$ 1

Die Strecke $x = \overline{HK}$ hat die Länge von 175 m.

b) 4 Minuten,

Aus der V-Figur des Strahlensatzes erhält man:

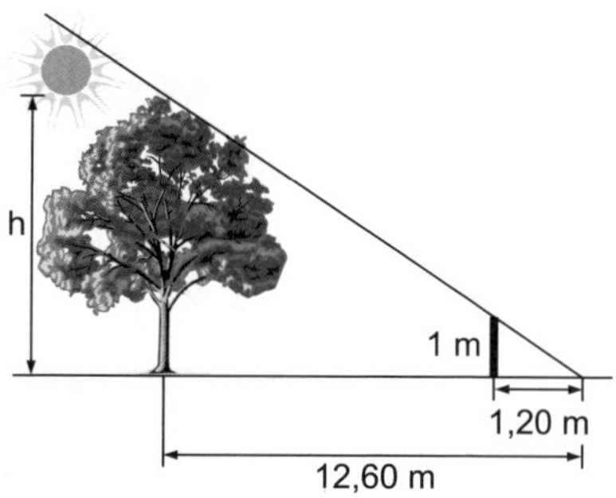

$h : 1\text{ m} = 12{,}60\text{ m} : 1{,}2\text{ m}$ 2

$h = \frac{12{,}60}{1{,}2}\text{ m} = 10{,}5\text{ m}$ 1

Der Baum ist 10,5 m hoch.

3. a) 7 Minuten,

Die Dreiecke ACD und BCE sind ähnlich, weil sie in zwei Winkeln übereinstimmen.

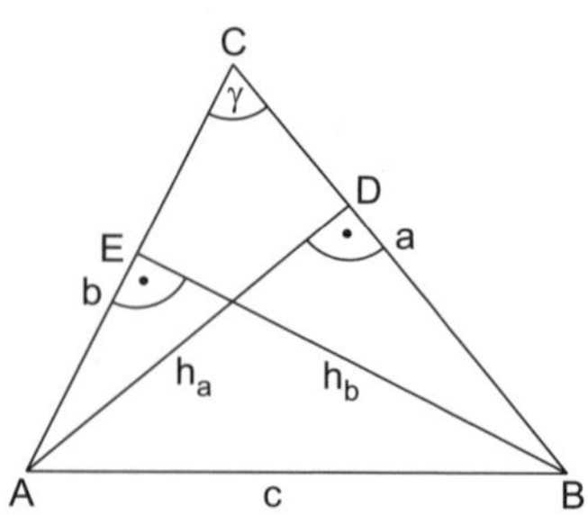

(1) $\sphericalangle ADC = \sphericalangle CEB = 90°$

(2) $\sphericalangle ACD = \sphericalangle BCE = \gamma$ 3

Damit gilt für die Seitenverhältnisse

$h_a : b = h_b : a \;\Rightarrow\; h_a : h_b = b : a$ 3

b) 5 Minuten,

Es gilt: $h_a : h_b = b : a$

Mit $\frac{b}{a} = \frac{9{,}8}{5{,}6} = \frac{7}{4}$ folgt: $h_a = \frac{7}{4} h_b$

Zudem gilt:

$$h_a + h_b = \frac{7}{4} h_b + h_b = \frac{11}{4} h_b$$ 1

$$\Rightarrow \quad \frac{11}{4} h_b = 8{,}8 \qquad \Big| \cdot \frac{4}{11}$$ 1

$$h_b = 3{,}2$$ 1

$$h_a = \frac{7}{4} \cdot 3{,}2 = 5{,}6$$ 1

h_a ist 5,6 cm und h_b ist 3,2 cm lang.

4. a) 4 Minuten,

(1) Die Dreiecke sind nicht ähnlich, da die Winkel nicht gleich groß sind. 2

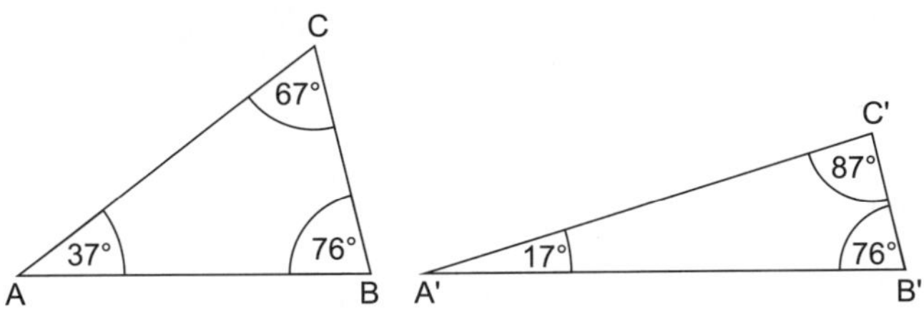

(2) Die Dreiecke sind ähnlich, weil sie in allen drei Winkeln übereinstimmen. 2

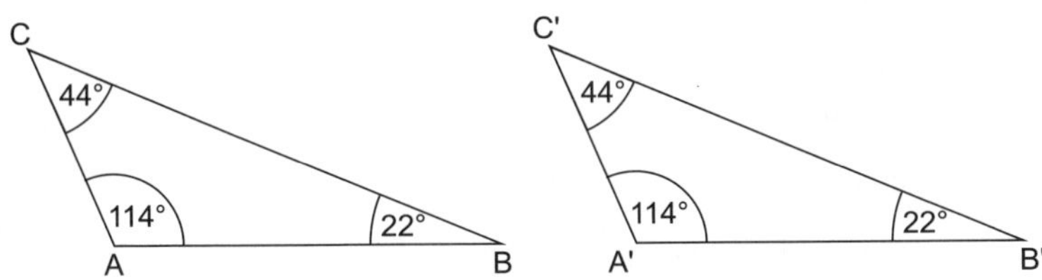

b) 7 Minuten, /

Vorüberlegung:

Wir zeichnen ein zum gesuchten Dreieck ABC ähnliches Dreieck A'B'C' aus a' = 5 cm, b' = 3 cm und $\alpha = 30°$. Das Dreieck A'B'C' wird jetzt von A = A' aus im Verhältnis c : c' vergrößert bzw. verkleinert (zentrische Streckung mit dem Zentrum Z = A und dem Abbildungsfaktor k = c : c'). Dabei sind die Seiten [B'C'] und [BC] parallel. 3

Konstruktion: 3

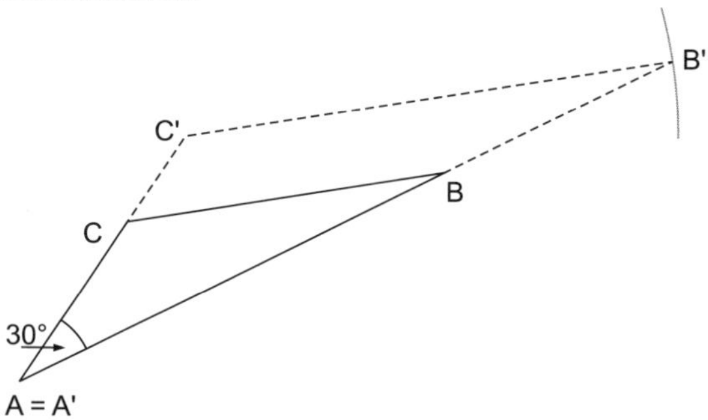

5. 5 Minuten, /

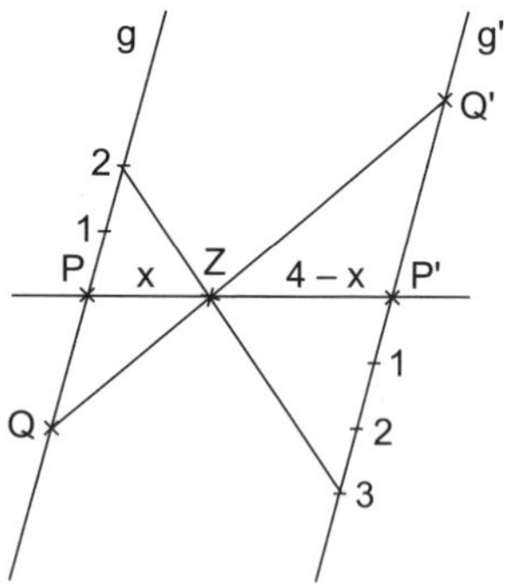

Trage auf g 2 Einheiten und auf g' 3 Einheiten ab in die andere Richtung und verbinde die Endpunkte. Der Schnittpunkt mit PP' ist das gesuchte Zentrum Z. 2

Q' liegt:

1. auf g' 1
2. auf QZ

$$\overline{ZP'} = |k| \cdot \overline{ZP}$$

$$4 - x = 1{,}5 \cdot x \quad | + x$$

$$2{,}5x = 4 \quad | : 2{,}5$$

$$x = 1{,}6$$ 2

Die Strecke [ZP] ist 1,6 cm lang.

Klassenarbeit 21

BE

1. a) Löse die folgende Proportion nach x auf: $x:6=(4-x):14$ 3

b) Es gilt: $a:b=5:3$ und $b:c=5:7$.
Bestimme das Verhältnis $(a+b):(b+c)$. 4

2. a) Berechne x, y, z aus den Maßen (in m) der nebenstehenden (nicht maßstäblichen) Skizze. Falls du für x kein Ergebnis bekommst, rechne mit $x=6$ m weiter. 6

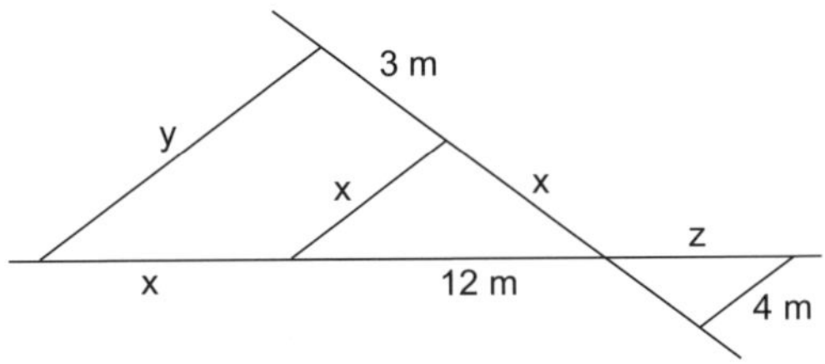

b) Die Laterne L entwirft von einer 5 m entfernten Plakatsäule mit einem Durchmesser von $d=80$ cm auf einer Hauswand ein 4,8 m breites Schattenbild (siehe Skizze).
Berechne, wie weit die Plakatsäule von der Wand entfernt ist. 4

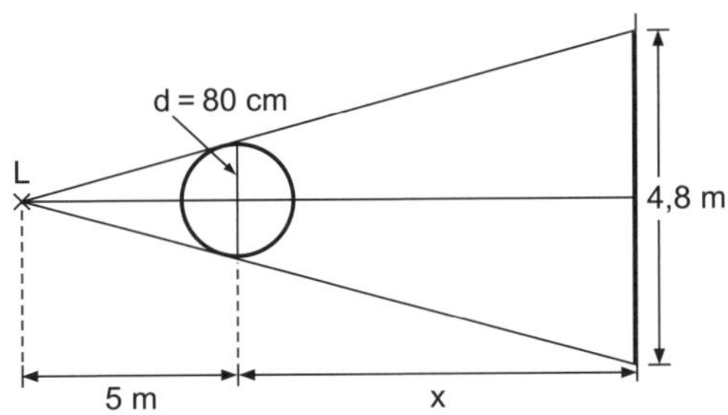

3. a) Im untenstehenden Dreieck ABC mit $\overline{AB}=4$ cm und $\sphericalangle CAB=90°$ und $AB \parallel DE$ gibt es Anwendungen des Strahlensatzes.

(1) Zeige, dass sich die Seitenhalbierenden [AE] und [BD] im Schwerpunkt S im Verhältnis 2 : 1 schneiden.

(2) Berechne das Verhältnis $\overline{FS}:\overline{DS}$ sowie die Länge $\overline{FS}$. 8

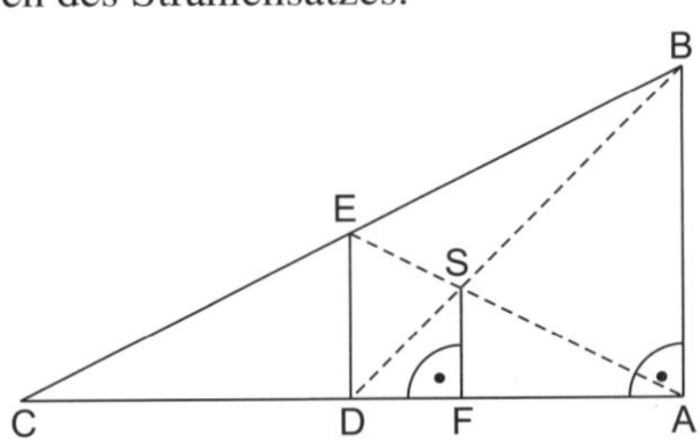

b) In einem Dreieck ABC verhalten sich die Seitenhalbierenden $s_a : s_b : s_c$ wie 12 : 10 : 15. Der durch den Schwerpunkt S geteilte größere Abschnitt von s_a ist 6,4 cm lang.
Wie lang sind die Seitenhalbierenden? 4

Hinweis: Verwende das Ergebnis von Teilaufgabe a.

4. a) Von zwei Dreiecken ABC und A'B'C' sind folgende Stücke gegeben:
$a = 7$ cm, $c = 5$ cm, $\alpha = 46°$, $b' = 3{,}75$ cm, $\gamma' = 46°$, $c' = 5{,}25$ cm.
Überprüfe, ob die Dreiecke ähnlich sind (Begründung!). 2

b) Konstruiere ein Dreieck ABC aus $a : b : c = 5 : 3 : 6$ und $h_c = 3$ cm.
(Vorüberlegung und Konstruktion!) 6

5. Bei der Verkleinerung eines Sechsecks wird jede Seite um 30 % gekürzt. Wie viel Prozent der ursprünglichen Sechseckfläche macht der Flächeninhalt des verkleinerten Sechsecks aus? 3

Hinweise und Tipps

1. a) Löse die Proportion mit dem Satz „Produkt der Außenglieder = Produkt der Innenglieder“ auf und berechne x.

b) Erweitere die beiden Beziehungen so, dass du sie als fortlaufende Proportion a : b : c schreiben kannst. Bilde damit dann die gesuchte Proportion.

2. a) Verwende eine V-Figur des Strahlensatzes zur Berechnung von x und y und eine X-Figur für das Bestimmen von z.

b) Wende die V-Figur des Strahlensatzes an und berechne die Entfernung x.

3. a) Erkenne, dass $\overline{DE} = \frac{1}{2}\overline{AB} = 2$ cm gilt. Bestimme mithilfe des Strahlensatzes (X-Figur) die Verhältnisse $\overline{AS} : \overline{SE}$ und $\overline{BS} : \overline{SD}$ und bestätige den Wert 2 : 1. Wende dann die V-Figur des Strahlensatzes an und finde damit die Länge von $\overline{FS}$.

b) Verwende das Ergebnis von Teilaufgabe a und berechne $s_a = 6{,}4 \cdot 1{,}5$ cm. Bestimme dann mit dem Proportionalitätsfaktor $k = 0{,}8$ die Längen s_b und s_c.

4. a) Zeichne in zwei Dreiecke ABC und A'B'C' die gegebenen Größen ein, vergleiche sie und finde die Ähnlichkeit nach dem S : s : W-Satz.

b) Zeichne ein zum gesuchten Dreieck ABC ähnliche Dreieck A'B'C' aus a', b' und c' und vergrößere es dann von C' = C aus im Verhältnis $h_c : h_c'$.

5. Verwende die Eigenschaft der zentrischen Streckung, dass sich der Flächeninhalt einer Figur um den Faktor k^2 verändert.

Vertiefende Hinweise zum Lösen der Aufgaben findest du in
Training Mathematik, 8. Klasse (Buch-Nr.: 900121)

- Kapitel „Strahlensatz und Ähnlichkeit“
  1 Die zentrische Streckung
  2 Strahlensatz
  3 Ähnlichkeit von Figuren
  4 Ähnlichkeitssätze für Dreiecke

Lösung

BE

1. a) 3 Minuten,

Bei einer Proportion gilt: „Produkt der Außenglieder gleich dem Produkt der Innenglieder"

$x : 6 = (4 - x) : 14$

$14x = 24 - 6x \quad | + 6x$ 1

$20x = 24 \quad | : 20$ 1

$x = 1{,}2$ 1

b) 5 Minuten,

$a : b = 5 : 3 \wedge b : c = 5 : 7$

Erweiterung der Proportionen:

$a : b = 25 : 15 \wedge b : c = 15 : 21 \quad \Rightarrow \quad a : b : c = 25 : 15 : 21$ 2

$\Rightarrow \quad (a + b) : (b + c) = (25 + 15) : (15 + 21) = 40 : 36 = 10 : 9$ 2

2. a) 6 Minuten, /

Mithilfe der V-Figur des Strahlensatzes gilt:

$x : 3\text{ m} = 12\text{ m} : x$

$x^2 = 36\text{ m}^2$ 2

$x = 6\text{ m}$

Mithilfe der V-Figur des Strahlensatzes ergibt sich:

$y : x = (3\text{ m} + x) : x$

$y = \dfrac{3\text{ m} + x}{x} \cdot x = (3 + 6)\text{ m} = 9\text{ m}$ 2

Mit der X-Figur des Strahlensatzes erhält man:

$z : 12\text{ m} = 4\text{ m} : x \quad \Rightarrow \quad z = \dfrac{4\text{ m}}{6\text{ m}} \cdot 12\text{ m} = 8\text{ m}$ 2

b) 4 Minuten,

Mithilfe der V-Figur des Strahlensatzes gilt:

$(x + 5\text{ m}) : 5\text{ m} = 4{,}8\text{ m} : 0{,}8\text{ m}$ 2

$x + 5\text{ m} = 6\text{ m} \cdot 5\text{ m}$ 1

$x = 25\text{ m}$ 1

Die Plakatsäule ist $x = 25$ m von der Wand entfernt.

3. a) 9 Minuten, /

(1) Wegen $\overline{CE} = \overline{EB}$ und $\overline{CD} = \overline{DA}$ gilt:

$\overline{DE} = \frac{1}{2} \cdot \overline{AB} = 2\text{ cm}$ 1

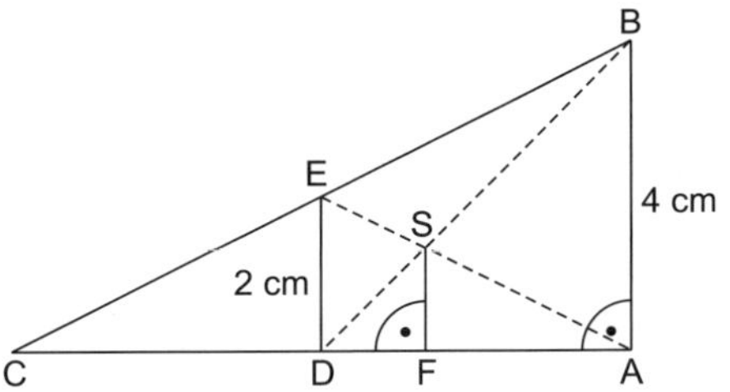

Mithilfe der X-Figur des Strahlensatzes erhält man:

$\overline{AS} : \overline{SE} = \overline{AB} : \overline{DE} = 4 : 2 = 2 : 1$ 2

$\overline{BS} : \overline{SD} = \overline{AB} : \overline{DE} = 4 : 2 = 2 : 1$ 1

Damit ist die Aussage bewiesen.

(2) Mithilfe der V-Figur des Strahlensatzes gilt:

$\overline{FS} : \overline{DE} = \overline{AS} : \overline{AE} = 2 : 3$, weil $\overline{AS} = \frac{2}{3} \cdot \overline{AE}$ ist (siehe (1)). 2

$\Rightarrow \quad \overline{FS} = \frac{2}{3} \cdot \overline{DE} = \frac{2}{3} \cdot 2\text{ cm} = \frac{4}{3}\text{ cm} \approx 1,33\text{ cm}$ 2

b) 4 Minuten,

Mit den Eigenschaften der Teilaufgabe a gilt:

$s_a = 6,4\text{ cm} \cdot \frac{3}{2} = 9,6\text{ cm}$, da $6,4\text{ cm} = \frac{2}{3} \cdot s_a$ gilt. 1

Der Proportionalitätsfaktor k ist dann $k = \frac{s_a}{12} = 0,8$ 1

$\Rightarrow \quad s_b = 0,8 \cdot 10\text{ cm} = 8\text{ cm}$, $s_c = 0,8 \cdot 15\text{ cm} = 12\text{ cm}$ 2

4. a) 3 Minuten,

Die beiden Dreiecke sind ähnlich, da sie im Verhältnis zweier Seiten und dem Gegenwinkel der größeren der beiden übereinstimmen.

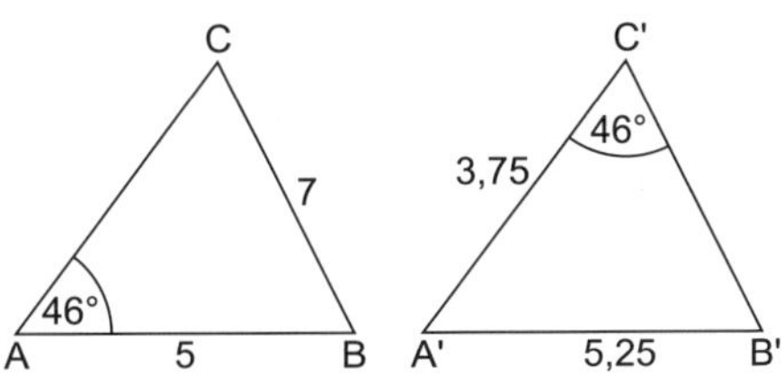

2

Die Eckpunktzuordnung ist $A \rightarrow C'$, $B \rightarrow A'$, $C \rightarrow B'$ und das Seitenverhältnis:

$7 : 5 = 21 : 15$

$5,25 : 3,75 = 21 : 15$

b) 7 Minuten,

Vorüberlegung:

Man zeichnet ein zum gesuchten Dreieck ABC ähnliches Dreieck A'B'C' aus a' = 5 cm, b' = 3 cm und c' = 6 cm. Man vergrößert dann das Dreieck A'B'C' von C' = C aus im Verhältnis $h_c : h'_c$.
(zentrische Streckung mit dem Zentrum Z = C und dem Abbildungsfaktor $k = h_c : h'_c$)
Dabei sind die Seiten [A'B'] und [AB] parallel zueinander. 3

Konstruktion: 3

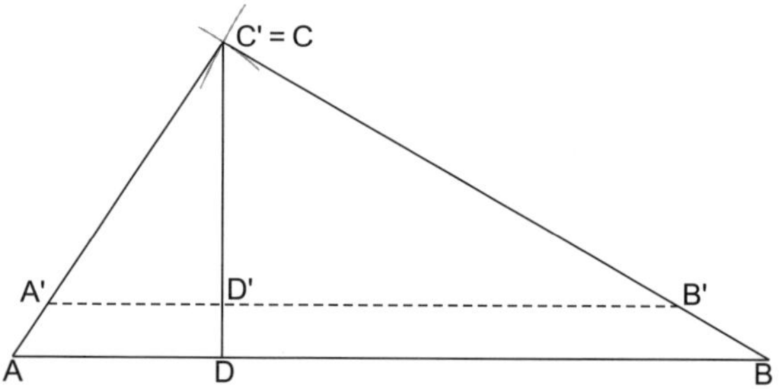

5. 4 Minuten,

Für die neuen Seitenlängen s' gilt jetzt $s' = k \cdot s = 0{,}7 \cdot s$. 1

Allgemein gilt: Nach der Streckung einer Figur mit dem Flächeninhalt A um den Faktor k hat das Bild den Flächeninhalt $k^2 \cdot A$, also $A' = k^2 \cdot A$. 1

Hier: $A' = 0{,}7^2 \cdot A = 0{,}49A$ 1

Die neue Sechseckfläche beträgt nur noch 49 % der alten Fläche.

Klassenarbeit 22

BE

1. In der nebenstehenden (nicht maßstabgetreuen) Figur gilt $g \parallel h$. Ferner sind folgende Streckenlängen gegeben: $a = 3{,}5$ cm, $b = 5{,}2$ cm, $c = d = 1{,}5$ cm und $e = 2{,}1$ cm.

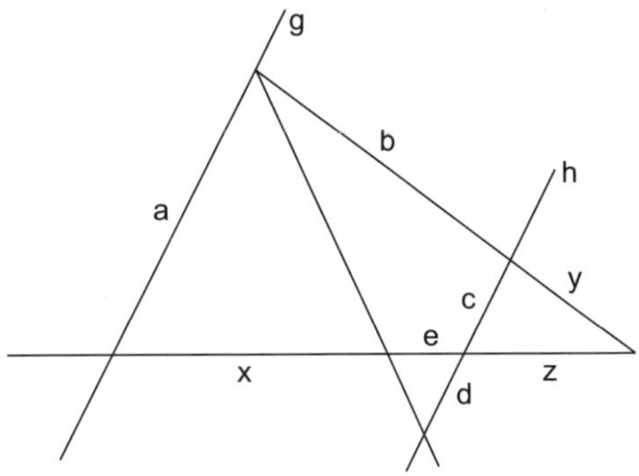

a) Berechne die Streckenlänge x. Falls du für x kein Ergebnis bekommst, rechne mit $x = 4{,}9$ cm weiter. 3

b) Berechne die Streckenlängen y und z. 6

2. a) Beantworte in einem Satz: 5

(1) Wann sind zwei Rechtecke zueinander ähnlich?

(2) Wann sind zwei gleichschenklige Dreiecke zueinander ähnlich?

(3) Wann sind zwei Quadrate zueinander ähnlich?

b) Konstruiere ein Dreieck ABC aus $a : b = 4{,}5 : 3$, $\alpha = 50°$ und $s_c = 3$ cm. (Vorüberlegung und Konstruktion!) 6

3. a) Berechne aus der nebenstehenden Skizze mit den dort angegebenen Maßen die Flussbreite x. 4

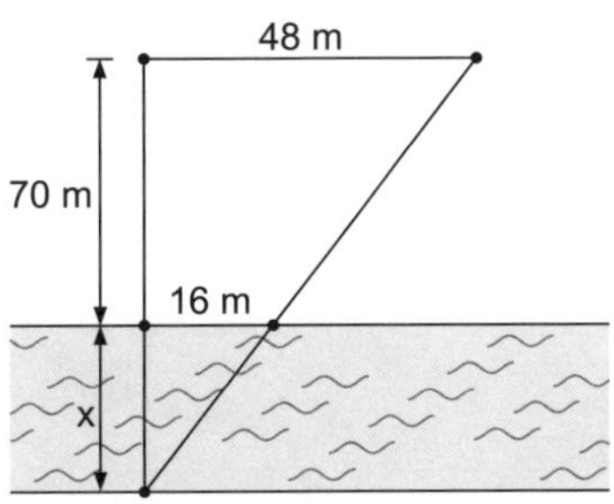

b) Wenn ich meinen Daumen (Breite 2 cm) bei ausgestrecktem Arm (Länge 63 cm) genau waagrecht halte, verdeckt er gerade die Höhe eines Kirchturms, der nach Stadtplan 950 m weit entfernt ist. Wie hoch ist der Kirchturm? 4

4. Gegeben ist das rechtwinklige Dreieck ABC mit $\overline{AB} = 4$ cm und $\overline{BC} = 5$ cm.
Dem Dreieck wird das Rechteck DEFB entsprechend nebenstehender Figur einbeschrieben, wobei die Länge $\overline{FE}$ mit x bezeichnet wird.

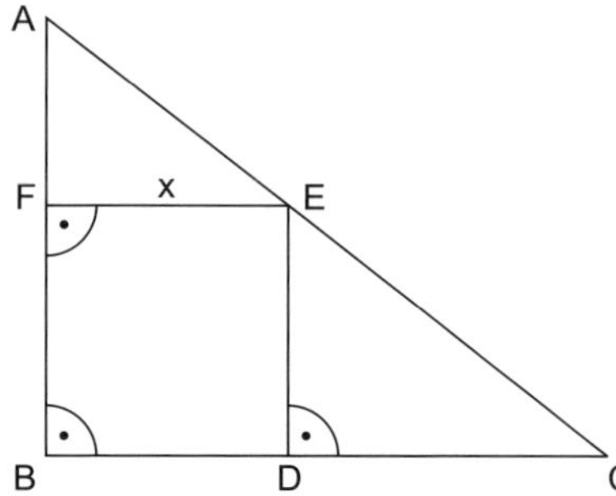

(nicht maßstäblich)

a) Zeige mithilfe von ähnlichen Dreiecken, dass $\overline{AF} = 0{,}8 \cdot x$ gilt. 4

b) Berechne den Flächeninhalt A des Rechtecks DEFB in Abhängigkeit von der Länge x. Setze dann den Wert $x = 2{,}5$ ein. 3

5. Eine zentrische Streckung $S_{A;\,k}$ mit dem Zentrum A und dem Abbildungsfaktor $k > 1$ bildet das nebenstehende Dreieck ABC mit $\overline{AC} = 5$ cm, $\overline{BC} = 6$ cm und $\gamma = 90°$ auf das Dreieck AB'C' mit $\overline{AC'} = 7$cm ab.

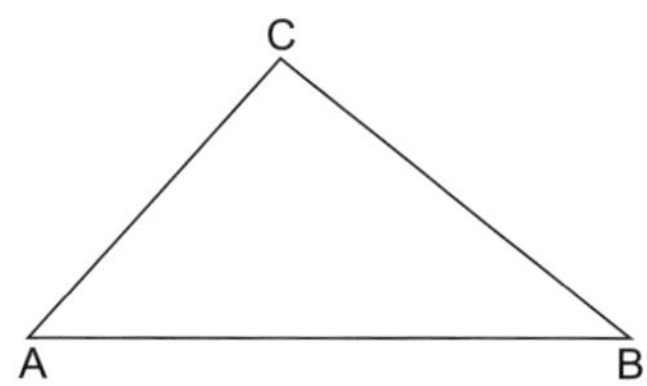

(nicht maßstäblich)

a) Zeichne den Punkt C' ein und beschreibe, wie man den Punkt B' bekommt und zeichne das Dreieck AB'C'. 3

b) Bestimme den Abbildungsfaktor k und berechne die Länge der Strecke [B'C']. 2

Hinweise und Tipps

1. a) Berechne mithilfe der X-Figur des Strahlensatzes die Länge $x = 4{,}9$ cm.

b) Wende jeweils die V-Figur des Strahlensatzes zur Berechnung von y und z an.

2. a) Stelle dir die jeweils entsprechende Figur vor und finde eine Bedingung für die Ähnlichkeit.

b) Zeichne ein zum gesuchten Dreieck ABC ähnliches A'B'C' aus a, b, α und vergrößere es dann von C aus im Verhältnis $s_c : s_c'$.

3. a) Wende die V-Figur des Strahlensatzes an.

b) Verwende anhand einer Skizze die V-Figur des Strahlensatzes und berechne die gesuchte Höhe h.

4. a) Mithilfe der V-Figur des Strahlensatzes ergibt sich $y = \overline{AF} = \frac{4}{5}x$.

b) Verwende die Formel $A = a \cdot b = x \cdot (4 - y)$, drücke die Fläche A durch x aus und setze $x = 2{,}5$ ein.

5. a) Erkenne, dass B' auf AB sowie auf der Parallelen zu BC durch C' liegt.

b) Berechne k sowie $\overline{B'C'} = k \cdot \overline{BC}$.

Vertiefende Hinweise zum Lösen der Aufgaben findest du in
Training Mathematik, 8. Klasse (Buch-Nr.: 900121)

- Kapitel „Strahlensatz und Ähnlichkeit"
  1 Die zentrische Streckung
  2 Strahlensatz
  3 Ähnlichkeit von Figuren
  4 Ähnlichkeitssätze für Dreiecke

Lösung

BE

1. a) 4 Minuten,
Mithilfe der X-Figur des Strahlensatzes erhält man:
$x : e = a : d$ 1

$x = \frac{a}{d} \cdot e$ 1

$= \frac{3{,}5 \text{ cm}}{1{,}5 \text{ cm}} \cdot 2{,}1 \text{ cm}$

$= 4{,}9 \text{ cm}$ 1

b) 6 Minuten, /
Verwendet man die V-Figur des Strahlensatzes, dann gilt (in cm gerechnet):

$y : (b + y) = c : a$

$y : (5{,}2 + y) = 1{,}5 : 3{,}5$ 1

$3{,}5y = 7{,}8 + 1{,}5y \quad | -1{,}5y$ 1

$2y = 7{,}8 \quad | : 2$

$y = 3{,}9$ 1

Die Länge y beträgt 3,9 cm.

Mithilfe der V-Figur des Strahlensatzes gilt ferner (in cm gerechnet):
$z : (x + e) = y : b$

$z : 7 = 3{,}9 : 5{,}2 \quad | \cdot 7$ 1

$z = \frac{3{,}9 \cdot 7}{5{,}2}$ 1

$z = 5{,}25$ 1

Die Länge z beträgt 5,25 cm.

2. a) 5 Minuten, /
(1) Zwei Rechtecke sind zueinander ähnlich, wenn sie im Verhältnis der beiden Seiten a und b übereinstimmen. 2
(2) Zwei gleichschenklige Dreiecke sind ähnlich, wenn sie in einem Basiswinkel (oder dem Winkel an der Spitze) bzw. Verhältnis Basis zu Schenkel übereinstimmen. 2
(3) Zwei Quadrate sind immer ähnlich zueinander. 1

b) 7 Minuten,
Vorüberlegung:
Man konstruiert ein zum gesuchten Dreieck ABC ähnliches Dreieck A'B'C' aus $a' = 4{,}5$ cm, $b' = 3$ cm und $\alpha' = 50°$. Dieses Dreieck wird dann von C aus mit dem Faktor $s_c : s_c'$ in das gesuchte Dreieck ABC vergrößert (zentrische Streckung mit dem Zentrum $Z = C$ und dem Abbildungsfaktor $k = s_c : s_c'$). 3

Konstruktion: 3

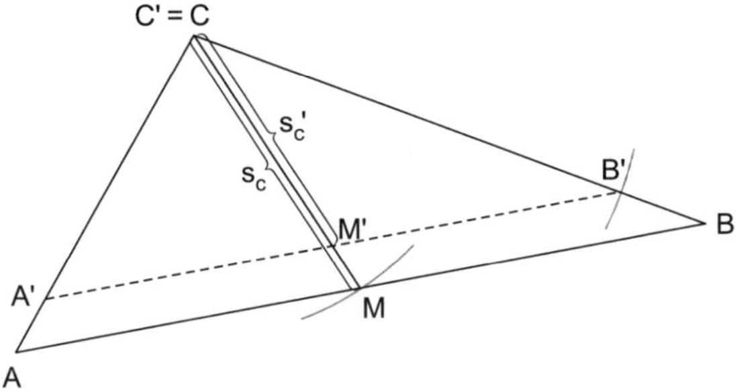

3. a) 4 Minuten,
Aus der nebenstehenden Figur erhält man mit der V-Figur des Strahlensatzes die Proportion:

$x : (70 + x) = 16 : 48 = 1 : 3$ 1

$3x = 70 + x \quad | - x$ 1

$2x = 70$ 1

$x = 35$ 1

Der Fluss ist 35 m breit.

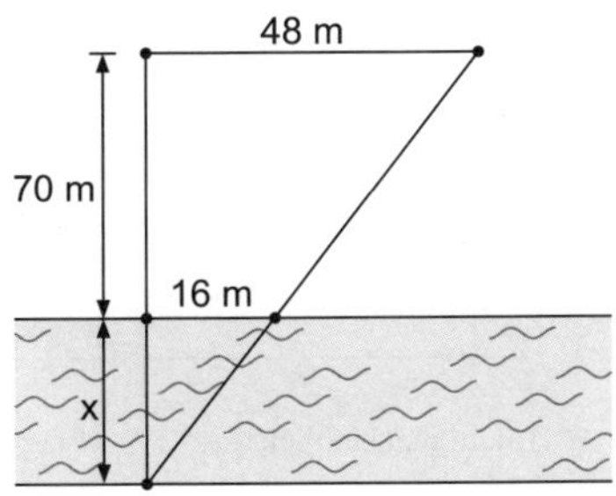

b) 5 Minuten,
Aus der nebenstehenden Skizze liest man mithilfe der V-Figur des Strahlensatzes ab:

$h : 2 = 95\,000 : 63$ 1

$$h = \frac{95\,000 \cdot 2}{63} \approx 3\,015{,}87$$ 3

Der Kirchturm ist
3 015,87 cm ≈ 30,2 m hoch.

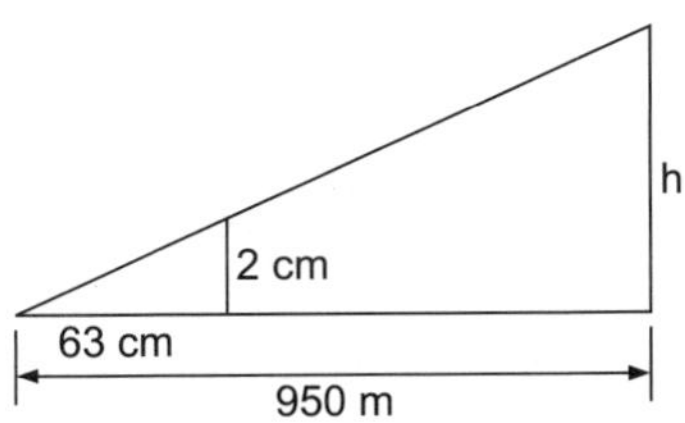

4. a) 5 Minuten, /

Mit den Maßen der nebenstehenden Figur gilt mit der V-Figur des Strahlensatzes:

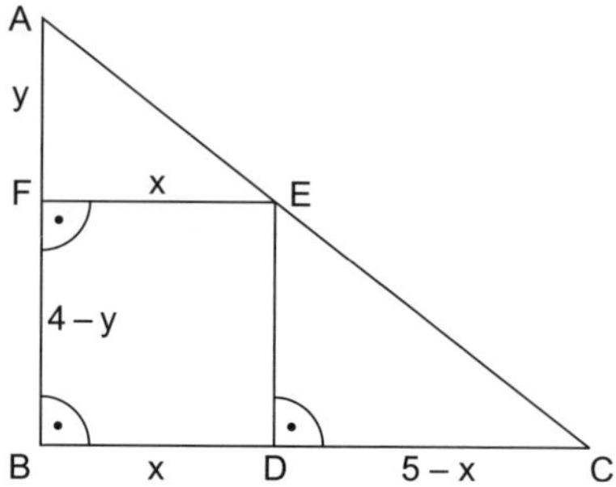

$x : 5 = y : 4$ 2

$4x = 5y \quad |:5$ 1

$y = \frac{4}{5}x$, d. h. 1

$y = \overline{AF} = 0{,}8 \cdot x$

b) 3 Minuten,

$A_R = x \cdot (4 - y) = x \cdot (4 - 0{,}8x) = 4x - 0{,}8x^2$ 2

$A_R(2{,}5) = 4 \cdot 2{,}5 - 0{,}8 \cdot 2{,}5^2 = 10 - 5 = 5 \text{ (FE)}$ 1

5. a) 4 Minuten, /

B' liegt

1. auf AB und
2. auf der Parallelen zu BC durch C' 1

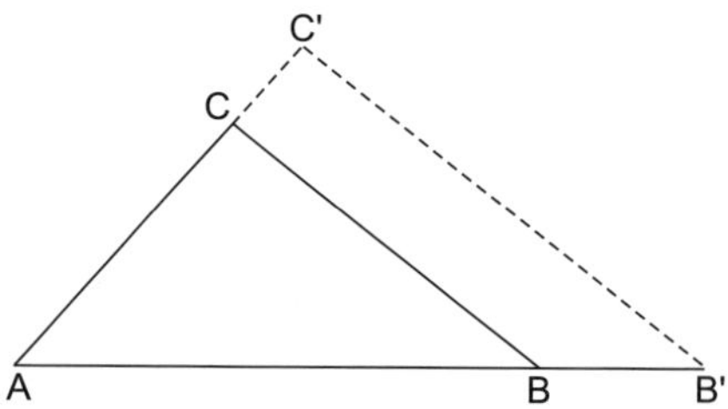

2

(nicht maßstäblich)

b) 2 Minuten,

$k = \frac{\overline{AC'}}{\overline{AC}} = \frac{7}{5}$ 1

$\overline{B'C'} = k \cdot \overline{BC} = \frac{7}{5} \cdot 6 \text{ cm} = \frac{42}{5} \text{ cm} = 8{,}4 \text{ cm}$ 1

Klassenarbeit 23

BE

1. In der nebenstehenden Skizze gilt [AB] ∥ [DE]. Ferner sind die Längen $\overline{AB} = 5$ cm, $\overline{AD} = 3{,}9$ cm, $\overline{DE} = 2$ cm, $\overline{EF} = 4{,}5$ cm und $\overline{CE} = 1{,}8$ cm gegeben. Berechne damit die Längen der Strecken [BC], [DG] und [EG].

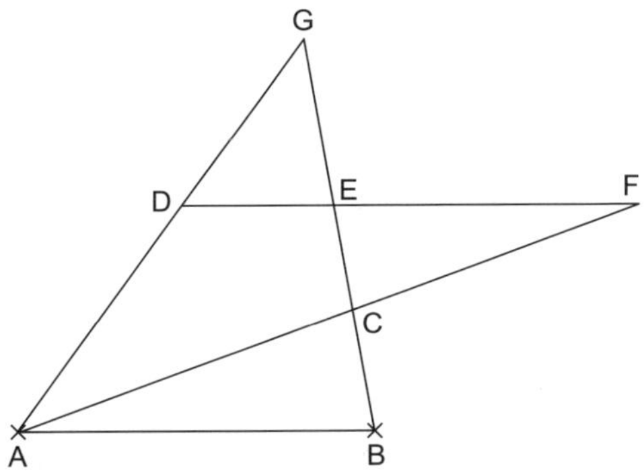

6

2. a) Entscheide, ob die folgenden Aussagen wahr (w.) oder falsch (f.) sind. Gib bei deiner Entscheidung (w.) den betreffenden Ähnlichkeitssatz an. 5

	w.	f.
(1) Gleichschenklige Dreiecke sind stets ähnlich.	☐	☐
(2) Rechtwinklige Dreiecke sind stets ähnlich.	☐	☐
(3) Gleichschenklig-rechtwinklige Dreiecke sind stets ähnlich.	☐	☐
(4) Alle Vierecke mit gleich langen Seiten sind ähnlich.	☐	☐
(5) Gleichschenklige Dreiecke mit gleichem Basiswinkel sind ähnlich.	☐	☐

b) Konstruiere ein Rechteck ABCD mit $b : a = 3 : 5$ und $e = 7$ cm, wobei e die Diagonale des Rechtecks ist. (Vorüberlegung und Konstruktion!) 5

3. a) Bei einer totalen Sonnenfinsternis (siehe untenstehendes Bild) verdeckt vom Beobachter aus gesehen die Mondscheibe gerade die sonst sichtbare Sonnenscheibe, sodass die sonst unsichtbare Korona sichtbar wird. Der Mond besitzt einen Durchmesser $d_M = 3\,476$ km, die Sonne einen Durchmesser von $d_S = 1\,392\,000$ km. Wie weit ist die Sonne entfernt, wenn der Mond 384 000 km vom Beobachter entfernt ist?

4

b) Um die Höhe eines Flachdachhauses zu bestimmen, werden die in der Skizze angegebenen Längen gemessen, wobei die 3 m lange Messlatte parallel zur Hauswand aufgestellt wird. 4
Berechne die Höhe des Hauses.

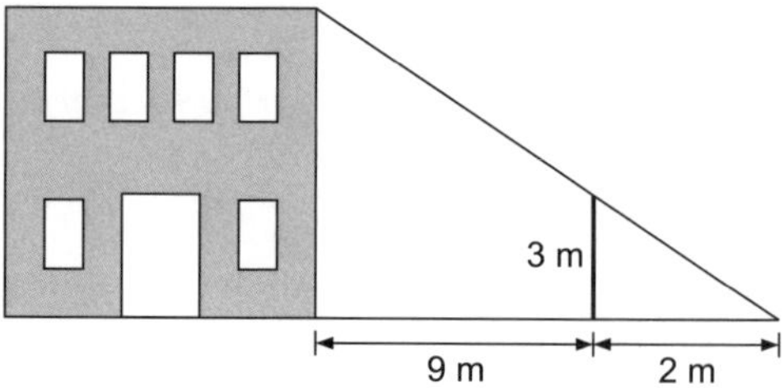

4. a) In einem Dreieck verhalten sich die Seiten umgekehrt wie die zugehörigen Höhen, d. h. es gilt $a : b = h_b : h_a$, $a : c = h_c : h_a$, $b : c = h_c : h_b$. Leite aus diesen drei Beziehungen die fortlaufende Proportion $h_a : h_b : h_c = \frac{1}{a} : \frac{1}{b} : \frac{1}{c}$ her. 4

b) In einem Dreieck ABC gilt $a : b : c = 2 : 3 : 4$. Wie lange sind die Höhen, wenn ihre Summe 65 cm beträgt? 4

c) Begründe, dass zwei Dreiecke bereits ähnlich sind, wenn sie im Verhältnis der drei Höhen übereinstimmen. 3

5. g und g' sind zwei parallele Geraden im Abstand 6 cm. Die Gerade h ist ein gemeinsames Lot, das die Gerade g im Punkt A und die Gerade g' im Punkt A' schneidet.

a) Konstruiere das Zentrum Z einer zentrischen Streckung $S_{Z;-\frac{5}{3}}$ mit dem Abbildungsfaktor $k = -\frac{5}{3}$, die A auf A' abbildet. 3

b) Z* sei das Zentrum einer zentrischen Streckung mit dem Abbildungsfaktor k* mit $0 < k^* < 1$, die den Punkt A auf den Punkt A' abbildet. Beschreibe die Lage der möglichen Zentren Z*. 2

Hinweise und Tipps

1. Berechne mithilfe der X-Figur des Strahlensatzes die Länge $\overline{BC}$, dann jeweils mit der V-Figur die Längen $\overline{DG}$ und $\overline{EG}$.

2. a) Kannst du einen der 4 Ähnlichkeitssätze wie z. B. WW-Satz anwenden? Überlege eventuell anhand einer Skizze.

b) Zeichne ein zum gesuchten Rechteck ABCD ähnliches A'B'C'D' aus a' und b' und vergrößere es im Verhältnis e : e' von A aus.

3. a) Fertige eine Skizze an und berechne mithilfe der V-Figur des Strahlensatzes den Abstand e_S der Sonne.

b) Bestimme mithilfe der V-Figur des Strahlensatzes die gesuchte Höhe h.

4. a) Bilde aus $h_a : h_b = b : a = \frac{1}{a} : \frac{1}{b}$ und $h_b : h_c = c : b = \frac{1}{b} : \frac{1}{c}$ eine fortlaufende Proportion $h_a : h_b : h_c = \frac{1}{a} : \frac{1}{b} : \frac{1}{c}$.

b) Setze in das Ergebnis der Teilaufgabe a ein, bilde den Hauptnenner und leite daraus die Beziehung 6 : 4 : 3 her. Weise den Höhen nun entsprechende Variablen zu, d. h. $h_a = 6x$, $h_b = 4x$ und $h_c = 3x$.

c) Begründe, dass aus $h_a : h_b : h_c = h'_a : h'_b : h'_c$ in Einzelschritten die gleichen Seitenverhältnisse folgen und damit die Ähnlichkeit.

5. a) Der Streckungsfaktor gibt an, wie viele Einheiten auf g und g' abgetragen werden müssen. Verbinde die Eckpunkte und erhalte Z als Schnittpunkt mit AA'.

b) Beachte das Vorzeichen des Streckungsfaktors k*.

Vertiefende Hinweise zum Lösen der Aufgaben findest du in
Training Mathematik, 8. Klasse (Buch-Nr.: 900121)

- Kapitel „Strahlensatz und Ähnlichkeit“
  1 Die zentrische Streckung
  2 Strahlensatz
  3 Ähnlichkeit von Figuren
  4 Ähnlichkeitssätze für Dreiecke

Lösung

BE

1. 7 Minuten,

Aus der X-Figur des Strahlensatzes folgt:

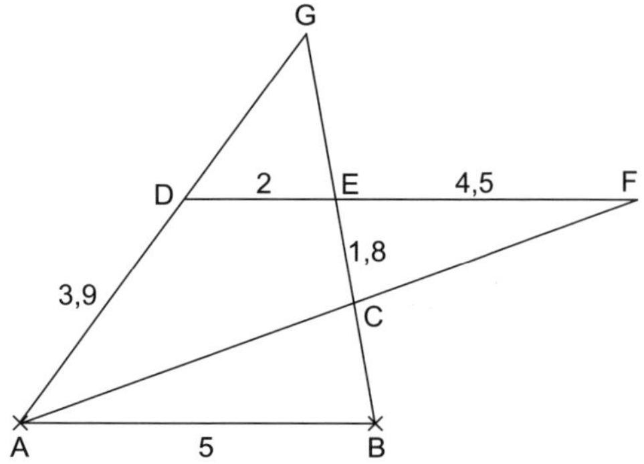

$$\frac{\overline{BC}}{\overline{AB}} = \frac{\overline{CE}}{\overline{EF}}$$

$$\Rightarrow \quad \overline{BC} = \frac{\overline{CE}}{\overline{EF}} \cdot \overline{AB}$$

$$= \frac{1{,}8}{4{,}5} \cdot 5 \text{ cm}$$

$$= 2 \text{ cm}$$ 2

Aus der V-Figur des Strahlensatzes folgt:

$$\frac{\overline{DG}}{\overline{AD} + \overline{DG}} = \frac{\overline{DE}}{\overline{AB}}$$

$$\frac{\overline{DG}}{3{,}9 \text{ cm} + \overline{DG}} = \frac{2}{5}$$

$$5\overline{DG} = 7{,}8 \text{ cm} + 2\overline{DG} \quad \Big| -2\overline{DG}$$

$$3\overline{DG} = 7{,}8 \text{ cm} \quad \Big| :3$$

$$\overline{DG} = 2{,}6 \text{ cm}$$ 2

Aus der V-Figur des Strahlensatzes folgt:

$$\frac{\overline{EG}}{\overline{EB}} = \frac{\overline{DG}}{\overline{AD}} = \frac{2{,}6}{3{,}9} = \frac{2}{3}$$

$$\Rightarrow \quad \overline{EG} = \frac{2}{3} \cdot \overline{EB} = \frac{2}{3}(2 \text{ cm} + 1{,}8 \text{ cm}) = 2{,}5\overline{3} \text{ cm}$$ 2

2. a) 5 Minuten,

	w.	f.		
(1)	☐	☒		1
(2)	☐	☒		1
(3)	☒	☐	(SWS-Satz bzw. WW-Satz)	1
(4)	☐	☒		1
(5)	☒	☐	(WW-Satz)	1

b) 6 Minuten,

Vorüberlegung:
Man konstruiert ein zum gesuchten Rechteck ähnliches Rechteck aus a' = 5 cm und b' = 3 cm. Dann wird dieses Rechteck von A = A' aus im Maßstab e : e' vergrößert.

Konstruktion: 2 3

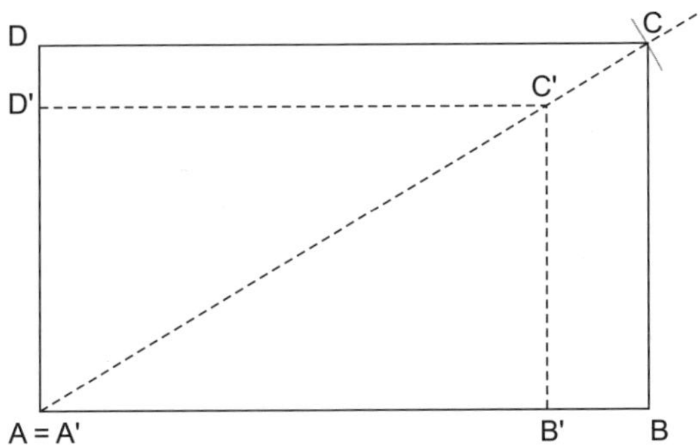

3. a) 4 Minuten,

Mithilfe der V-Figur des Strahlensatzes erhält man:

$$\frac{e_S}{e_M} = \frac{d_S}{d_M}$$ 2

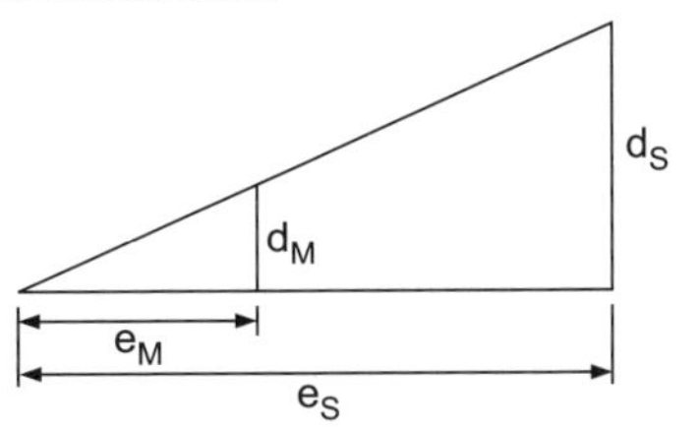

$$\Rightarrow \quad e_S = \frac{d_S}{d_M} \cdot e_M$$

$$= \frac{1\,392\,000}{3\,476} \cdot 384\,000 \text{ km}$$ 2

$$\approx 1{,}54 \cdot 10^8 \text{ km}$$

$$= 154\,000\,000 \text{ km}$$

Die Sonne hat die Entfernung 154 000 000 km.

b) 4 Minuten,

Aus der V-Figur des Strahlensatzes folgt:

$$\frac{h}{\overline{ED}} = \frac{\overline{AB}}{\overline{DB}}$$ 2

$$\Rightarrow \quad h = \frac{11}{2} \cdot 3\text{ m}$$ 2

$$= 16{,}5\text{ m}$$

Das Haus ist 16,5 m hoch.

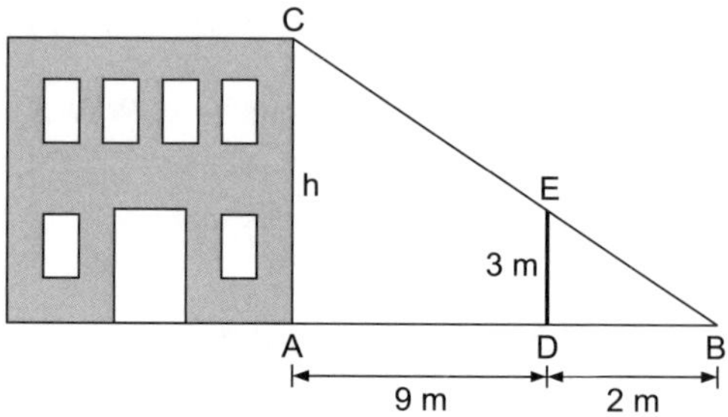

4. a) 5 Minuten,

$$\left.\begin{array}{l} h_a : h_b = b : a = \frac{1}{a} : \frac{1}{b} \\ h_b : h_c = c : b = \frac{1}{b} : \frac{1}{c} \end{array}\right\rangle \; h_a : h_b : h_c = \frac{1}{a} : \frac{1}{b} : \frac{1}{c}$$ 4

b) 4 Minuten,

$$h_a : h_b : h_c = \frac{1}{2} : \frac{1}{3} : \frac{1}{4} = \frac{6}{12} : \frac{4}{12} : \frac{3}{12} = 6 : 4 : 3$$ 2

$$\Rightarrow \quad h_a = 6 \cdot x, \quad h_b = 4 \cdot x, \quad h_c = 3 \cdot x$$

$$h_a + h_b + h_c = 13x = 65\text{ cm}$$

$$\Rightarrow \quad x = 5\text{ cm}$$ 1

$$\Rightarrow \quad h_a = 30\text{ cm}, h_b = 20\text{ cm}, h_c = 15\text{ cm}$$ 1

c) 4 Minuten,

Aus $h_a : h_b : h_c = h'_a : h'_b : h'_c$ folgt:

$$h_a : h_b = b : a \wedge h'_a : h'_b = b' : a' \quad \Rightarrow \quad b : a = b' : a'$$

$$h_a : h_c = c : a \wedge h'_a : h'_c = c' : a' \quad \Rightarrow \quad a : c = a' : c'$$ 2

$$\Rightarrow \quad b : a : c = b' : a' : c'$$

Die Dreiecke sind ähnlich. 1

5. a) 4 Minuten,
Trage auf g drei Einheiten und auf g' fünf Einheiten in die entgegengesetzte Richtung ab und verbinde die Endpunkte. Der Schnitt mit der Geraden AA' ist das gesuchte Zentrum Z. 3

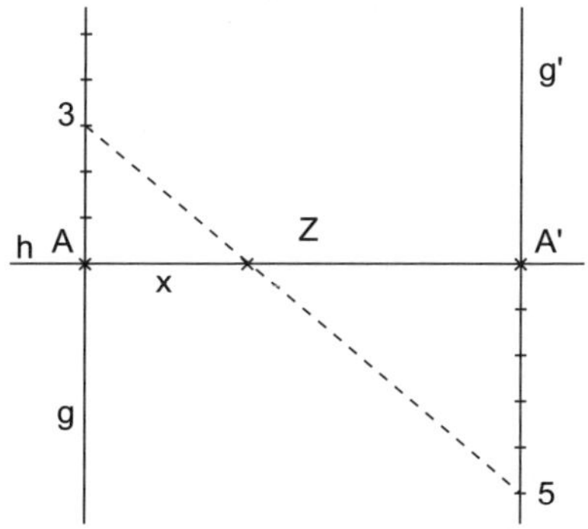

(nicht maßstäblich)

b) 2 Minuten,
Da $\overline{ZA'} < \overline{ZA}$ sein muss und der Abbildungsfaktor k positiv ist, liegen die gesuchten Zentren Z* rechts von g' auf der Geraden AA'. 2

Klassenarbeit 24

BE

1. Bekannt sind die folgenden Streckenlängen in der nebenstehenden Skizze: $\overline{SX} = 5{,}5$ cm, $\overline{QR} = 8{,}9$ cm und $\overline{XR} = 6{,}8$ cm. Zudem gilt: [SX] || [QR]

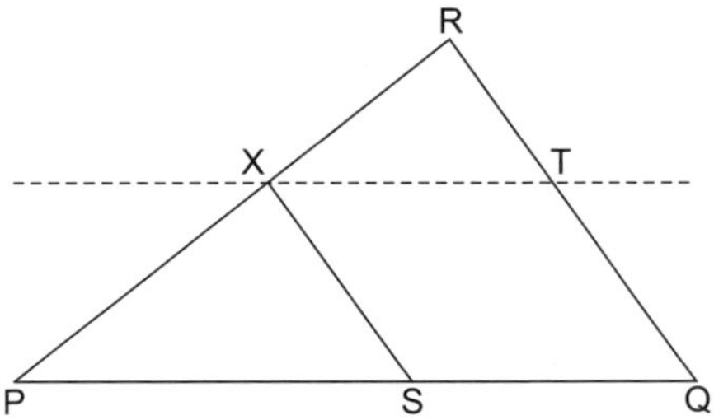

a) Bestätige durch Rechnung: $\overline{PX} = 11$ cm. 4

b) Die Parallele zu PQ durch X schneidet RQ im Punkt T. Berechne das Verhältnis $\overline{RT} : \overline{TQ}$, in dem T die Strecke [RQ] teilt. 4

2. a) Für den Bau eines Hauses ist eine Fachwerkkonstruktion im Giebel geplant (siehe Skizze). Berechne aus den bekannten Längen $a = 18$ m, $b = 5$ m, $h_1 = 3{,}6$ m und $h = 8{,}1$ m die Längen der Strecken $x = \overline{EB}$ und $y = \overline{GF}$, wenn [GF] || [AB] gilt. 6

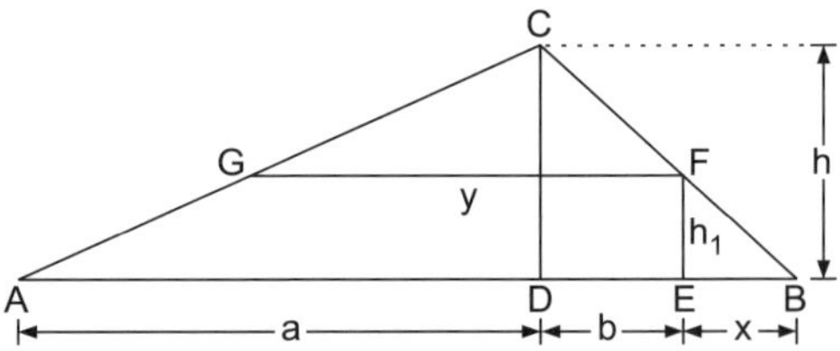

b) Um die Länge eines ausgedehnten Skihangs abzuschätzen, rammt Stefan vier Stöcke A, B, C, D so in den Schnee, dass sie ein Trapez bilden und über AD und BC die Talstation T des Lifts angepeilt werden kann. Berechne aus den Maßen $\overline{AB} = 80$ m, $\overline{DC} = 70$ m und $h = 20$ m die Entfernung $\overline{ET}$. 4

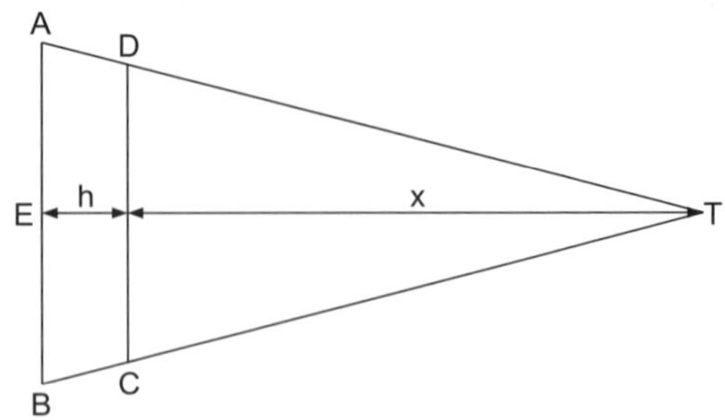

c) Sehr kleine Abstände, z. B. zweier Platten, können mithilfe eines Messkeils bestimmt werden (siehe Skizze). Errechne aus den in der Zeichnung ablesbaren Größen den Abstand der beiden Platten. 3

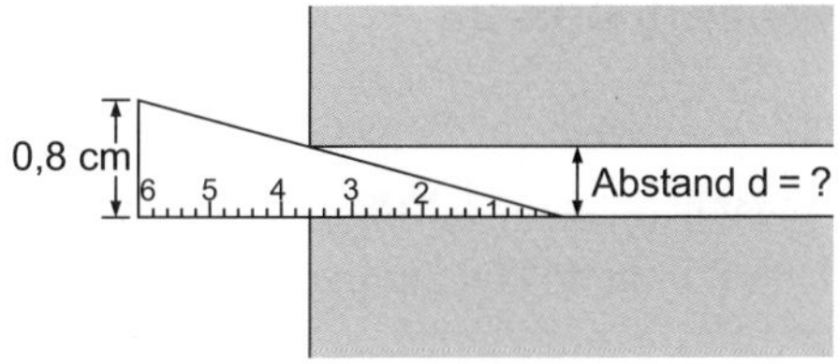

3. Vom Dreieck ABC (siehe Skizze) sind folgende Maße bekannt: a = 6 cm, b = 7 cm, c = 8 cm, und $\overline{AV} = 5$ cm. Ferner gilt [UV] || [BC] und [VW] || [AC]. Berechne die Längen $\overline{UV}$, $\overline{VW}$ und $\overline{BW}$. 6

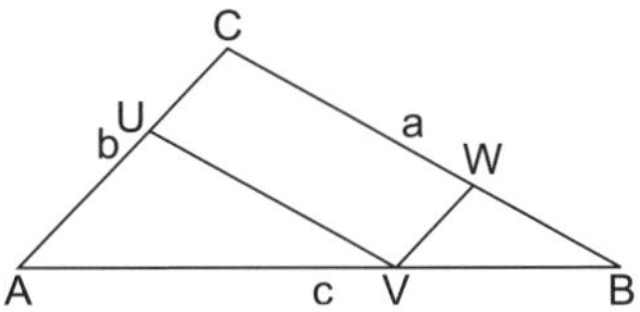

4. a) Zeichne ein gleichseitiges Dreieck mit der Seitenlänge a = 8 cm. In dieses Dreieck soll nun ein ebenfalls gleichseitiges Dreieck EFG so einbeschrieben werden, dass eine Seite senkrecht zur Seite [AC] steht. (Vorüberlegung und Konstruktion!) 6

b) Bei einer zentrischen Streckung $S_{Z;\,k}$ mit dem Zentrum Z und dem Abbildungsfaktor k gilt: $\overline{PP'} = 6$ cm und $\overline{ZP} = 2$ cm. Bestimme die möglichen Abbildungsfaktoren $k_1 > 0$ und $k_2 < 0$. 4

5. Begründe mithilfe der Ähnlichkeitssätze, dass die Dreiecke CAD und ABE ähnlich zueinander sind. 3

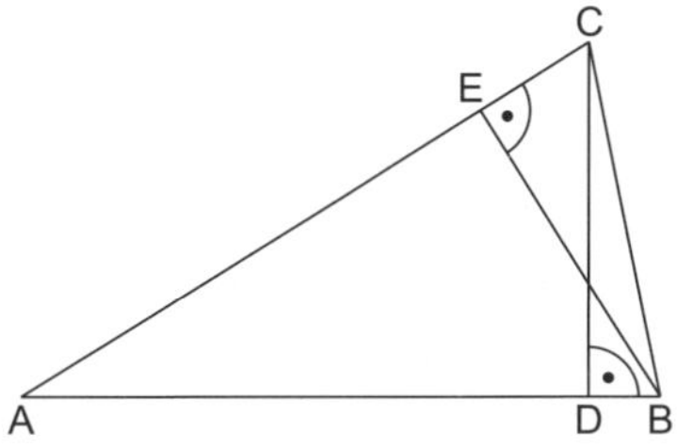

Hinweise und Tipps

1. a) Verwende zur Berechnung von $x = 11$ cm die V-Figur des Strahlensatzes.

b) Verwende die V-Figur des Strahlensatzes und bringe das Verhältnis von [RT] und [TQ] auf ganze Zahlen.

2. a) Wende im Dreieck DBC die V-Figur des Strahlensatzes an und berechne x. Leite dann eine Beziehung zwischen den Verhältnissen in der V-Figur im Dreieck ABC und denen in der V-Figur im Dreieck DBC her. Berechne damit y.

b) Bereche x mithilfe der V-Figur des Strahlensatzes.

c) Wende auf den Messkeil die V-Figur des Strahlensatzes an.

3. Berechne mithilfe der V-Figur des Strahlensatzes die gesuchten Längen $\overline{UV}$, $\overline{VW}$ und $\overline{BW}$.

4. a) Zeichne in das gleichseitige Dreieck ABC ein gleichseitiges Dreieck E'F'G' so ein, dass $E'F' \perp AC$ gilt und $E' \in [AC]$ und $F' \in [AB]$ liegt. Vergrößere dann das Dreieck E'F'G' von A aus so in das Dreieck EFG, dass auch noch $G \in [BC]$ gilt.

b) Bestimme anhand von zwei Skizzen die gesuchten Abbildungsfunktionen.

5. Bei genauer Betrachtung der Dreiecke CAD und ABE findest du die Ähnlichkeit nach dem WW-Satz.

Vertiefende Hinweise zum Lösen der Aufgaben findest du in
Training Mathematik, 8. Klasse (Buch-Nr.: 900121)

- Kapitel „Strahlensatz und Ähnlichkeit“
  1 Die zentrische Streckung
  2 Strahlensatz
  3 Ähnlichkeit von Figuren
  4 Ähnlichkeitssätze für Dreiecke

Lösung

BE

1. a) 4 Minuten, /

Mithilfe der V-Figur mit Spitze in P findet man

$\frac{x}{6,8+x}=\frac{5,5}{8,9} \quad |\cdot 8,9\cdot(6,8+x)$ 1

$8,9x=37,4+5,5x \quad |-5,5x$ 1

$3,4x=37,4 \quad |:3,4$ 1

$x=11$ 1

Die Länge $x=\overline{PX}$ beträgt 11 cm.

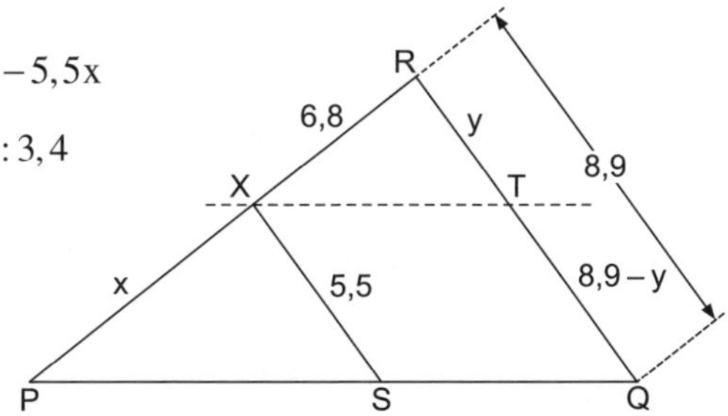

b) 5 Minuten,

Mithilfe der V-Figur des Strahlensatzes gilt:

$\frac{y}{8,9-y}=\frac{6,8}{11} \quad |\cdot 11\cdot(8,9-y)$ 1

$11y=60,52-6,8y \quad |+6,8y$

$17,8y=60,52 \quad |:17,8$ 1

$y=3,4$ 1

oder:

$\frac{y}{8,9}=\frac{6,8}{11+6,8}$

$17,8y=60,52 \quad |:17,8$

$y=3,4$

Damit folgt $y=3,4$ cm und es gilt:

$\overline{RT}:\overline{TQ}=3,4:5,5=34:55$ 1

2. a) 7 Minuten,

Mithilfe der V-Figur des Strahlensatzes erhält man im Dreieck DBC:

$$\frac{\overline{BE}}{\overline{BD}} = \frac{\overline{EF}}{\overline{DC}} \quad \Rightarrow \quad \frac{x}{x+5\text{ m}} = \frac{3{,}6}{8{,}1} = \frac{4}{9}$$ 1

$$\Rightarrow \quad 9x = 4x + 20\text{ m}$$ 1

$$5x = 20\text{ m}$$ 1

$$x = 4\text{ m}$$

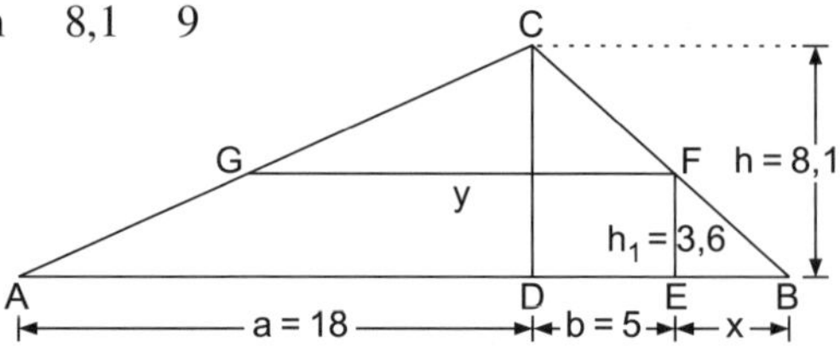

Im Dreieck DBC gilt zudem: $\frac{\overline{CD}-\overline{EF}}{\overline{CD}} = \frac{\overline{CF}}{\overline{CB}}$

Im Dreieck ABC gilt: $\frac{\overline{GF}}{\overline{AB}} = \frac{\overline{CF}}{\overline{CB}}$ 1

Daraus folgt: $\frac{\overline{GF}}{\overline{AB}} = \frac{\overline{CD}-\overline{EF}}{\overline{CD}}$ 1

$$\overline{GF} = \frac{8{,}1\text{ m} - 3{,}6\text{ m}}{8{,}1\text{ m}} \cdot (18\text{ m} + 5\text{ m} + 4\text{ m}) = 15\text{ m}$$ 1

b) 4 Minuten, /

Verwendet man die V-Figur des Strahlensatzes, so erhält man:

$$\frac{x+h}{x} = \frac{\overline{AB}}{\overline{DC}}$$

$$x + 20\text{ m} = \frac{80\text{ m}}{70\text{ m}} \cdot x \quad \left| -20\text{ m} - \frac{8}{7}x\right.$$ 1

$$x - \frac{8}{7}x = -20\text{ m}$$ 1

$$-\frac{1}{7}x = -20\text{ m} \quad |\cdot(-7)$$ 1

$$x = 140$$

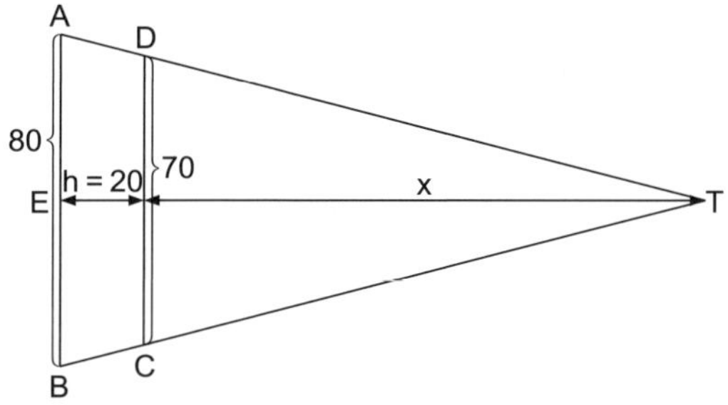

Die Entfernung $\overline{ET}$ beträgt 140 m + 20 m = 160 m. 1

c) 3 Minuten,

Aus der V-Figur des Strahlensatzes folgt:

$$\frac{d}{0{,}8} = \frac{3{,}6}{6} \quad \Rightarrow \quad d = 0{,}48$$ 3

Der Abstand der Platten beträgt 0,48 cm.

3. 6 Minuten,

Mithilfe der V-Figur des Strahlensatzes ergibt sich:

$$\frac{\overline{UV}}{\overline{BC}} = \frac{5}{8} \quad \Rightarrow \quad \overline{UV} = \frac{5}{8} \cdot \overline{BC} = 3{,}75 \text{ cm}$$

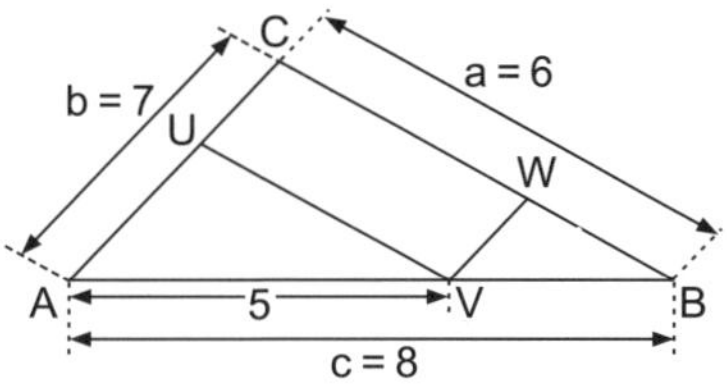

2

$$\frac{\overline{VW}}{\overline{AC}} = \frac{\overline{BV}}{\overline{AB}} \quad \Rightarrow \quad \overline{VW} = \frac{3}{8} \cdot 7 \text{ cm} = 2{,}625 \text{ cm}$$ 2

$$\frac{\overline{BW}}{\overline{BC}} = \frac{\overline{VW}}{\overline{AC}} \quad \Rightarrow \quad \overline{BW} = \frac{2{,}625}{7} \cdot 6 \text{ cm} = 2{,}25 \text{ cm}$$ 2

4. a) 7 Minuten,

Vorüberlegung:

In das gleichseitige Dreieck ABC mit der Kantenlänge a = 8 cm wird ein gleichseitiges Dreieck E'F'G' so eingezeichnet, dass [E'F'] auf [AC] senkrecht steht, der Punkt E' auf [AC] und der Punkt F' auf [AB] liegen. Dann wird von A aus das Dreieck E'F'G' in das gesuchte Dreieck EFG so vergrößert, dass auch noch G auf [BC] liegt. 3

Konstruktion: 3

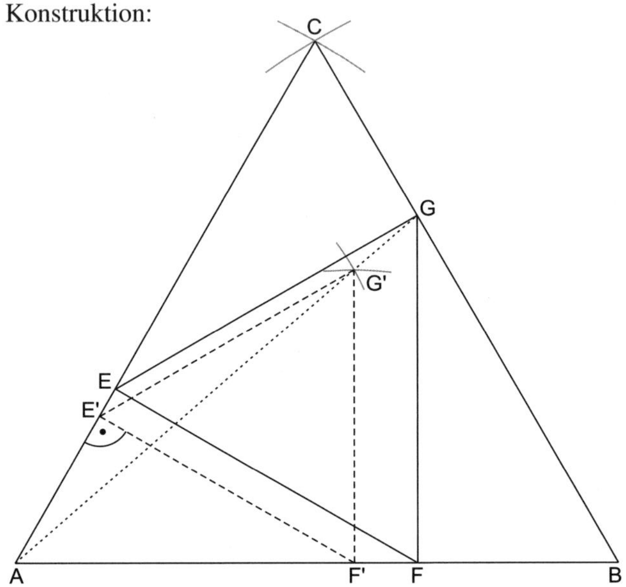

b) 5 Minuten,

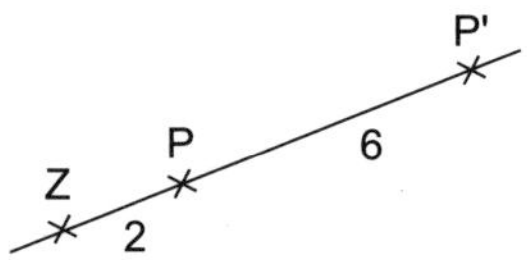

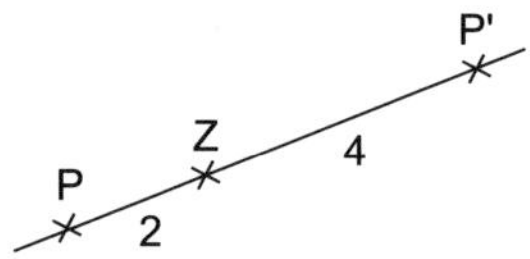

2

$$k_1 = \frac{\overline{ZP'}}{\overline{ZP}} = \frac{8}{2} = 4 \qquad k_2 = \frac{\overline{ZP'}}{\overline{ZP}} = -\frac{4}{2} = -2$$ 2

5. 4 Minuten,

ΔCAD ~ ΔABE

Die beiden Dreiecke haben den Winkel α gemeinsam und beide einen 90°-Winkel, folglich sind sie nach dem WW-Satz ähnlich. 3

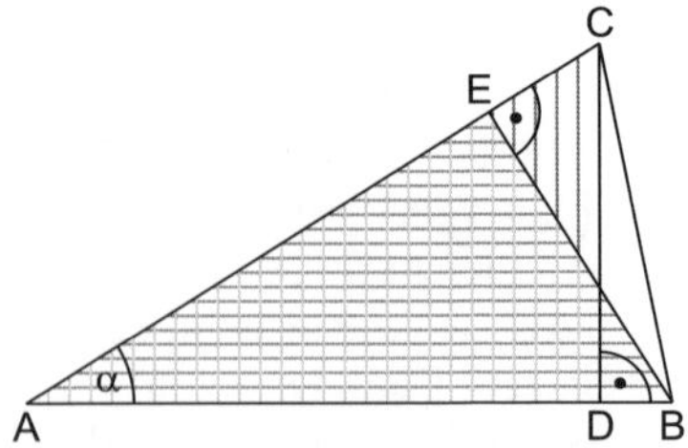

Ihre Meinung ist uns wichtig!

Ihre Anregungen sind uns immer willkommen. Bitte informieren Sie uns mit diesem Schein über Ihre Verbesserungsvorschläge!

Titel-Nr.	Seite	Vorschlag

Bitte hier abtrennen

Bitte hier abtrennen

Zutreffendes bitte ankreuzen!

Die Absenderin/der Absender ist:

- ☐ Lehrer/in in den Klassenstufen: ______
- ☐ Fachbetreuer/in
  Fächer: ______
- ☐ Seminarlehrer/in
  Fächer: ______
- ☐ Regierungsfachberater/in
  Fächer: ______
- ☐ Oberstufenbetreuer/in
- ☐ Schulleiter/in
- ☐ Referendar/in, Termin 2. Staatsexamen: ______
- ☐ Leiter/in Lehrerbibliothek
- ☐ Leiter/in Schülerbibliothek
- ☐ Sekretariat
- ☐ Eltern
- ☐ Schüler/in, Klasse: ______
- ☐ Sonstiges: ______

Unterrichtsfächer: (Bei Lehrkräften!)

21-VD9

Bitte ausfüllen und im frankierten Umschlag
an uns einsenden. Für Fensterkuverts geeignet.

STARK Verlag
Postfach 1852
85318 Freising

Kennen Sie Ihre Kundennummer?
Bitte hier eintragen.

Absender (Bitte in Druckbuchstaben!)

Name/Vorname

Straße/Nr.

PLZ/Ort/Ortsteil

Telefon privat

Geburtsjahr

E-Mail

Schule/Schulstempel (Bitte immer angeben!)

(Bitte blättern Sie um)